Cornelia Hesse-Honegger

Nach Tschernobyl

Dopo Cernobil

Après Tchernobyl

After Chernobyl

Herausgegeben vom Bundesamt für Kultur im Verlag Lars Müller

Labor Stubenfliege «aristapedia»
Aquarell 1985/86, 44 × 54,8 cm
Diese Stubenfliege wird durch Bestrahlung mutiert und im Labor gezüchtet. Es wachsen ihr Beinteile aus den Fühlern, die Flügel sind verbogen und nicht mehr transparent, die Augen und der Körper sind gelb. Ausserdem ist der Chitinpanzer viel spröder als bei der wildlebenden Fliege.

Mosca domestica «aristapedia» in laboratorio
Acquarello 1985/86, 44 × 54,8
Questa mosca domestica viene mutata mediante irradiazioni e coltivata in laboratorio. Parti di zampe crescono dalle antenne, le ali sono ricurve e non più trasparenti, gli occhi e il corpo sono gialli. Inoltre la corazza di chitina è molto più fragile di quella delle mosche allo stato selvatico.

Mouche domestique de laboratoire – «aristapedia»
Aquarelle 1985/86, 44 × 54,8 cm
Cette mouche domestique a subi une mutation par exposition à un rayonnement et elle a été élevée en laboratoire. Des éléments de jambes croissent de ses antennes, ses ailes sont pliées et elles ne sont plus transparentes, les yeux et le corps sont jaunes. Par ailleurs, la chitine est beaucoup plus fragile que celle de la mouche sauvage.

Laboratory house flies 'aristapedia'
Water color 1985/86, 44 × 54,8 cm
These house flies were mutated through radiation and breed in the laboratory. Parts of legs grow out of the feelers, the wings are bent and no longer transparent, the eyes and body are yellow. In addition the chitin armour is much more brittle than that of wild flies.

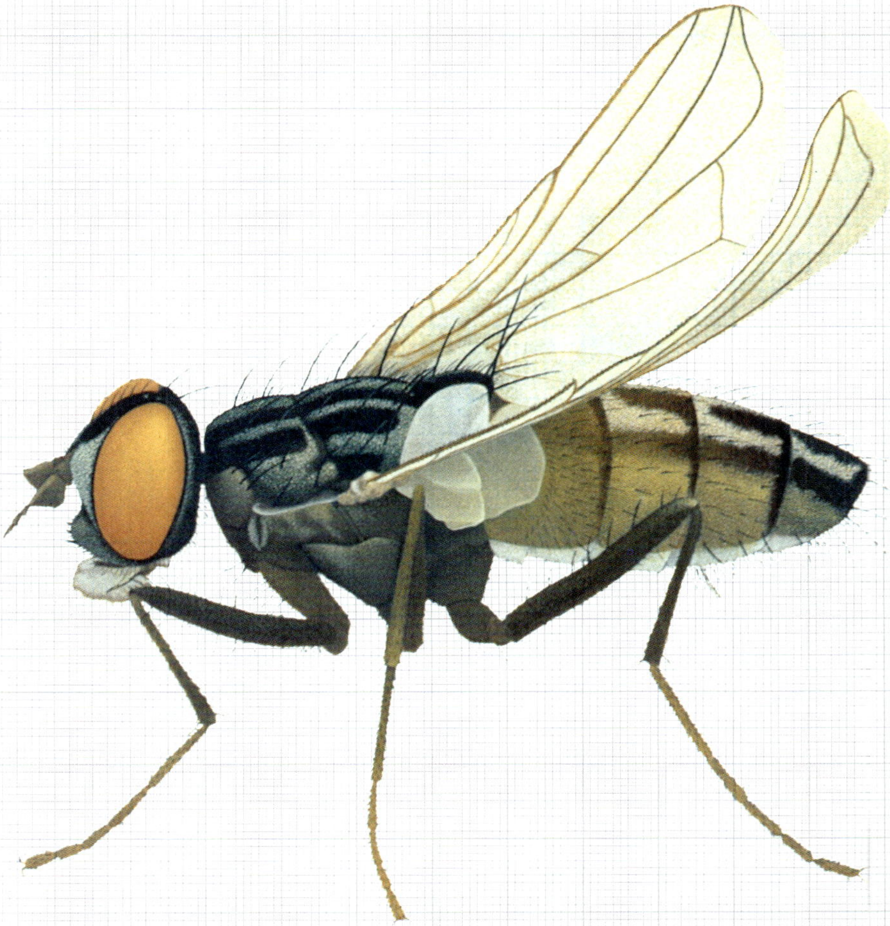

Text deutsch

6 Eine Einführung zu «Warum bin ich in Österfärnebo?» von Cornelia Hesse-Honegger
William Irwin Thompson

18 Gedanken über «Abbilder»
Joan S. Davis

24 Nach Tschernobyl

56 Mein Weg
Cornelia Hesse-Honegger

60 Biographie/Ausstellungen/Publikationen

Testo italiano

9 Un'introduzione a «Che ci faccio io nell'Österfärnebo?» di Cornelia Hesse-Honegger
William Irwin Thompson

19 Riflessioni sull'arte e le «immagini»
Joan S. Davis

25 Dopo Cernobil

57 Il mio cammino
Cornelia Hesse-Honegger

61 Biografia/Mostre/Pubblicazioni

Texte français

12 Une introduction à «Pourquoi suis-je à Österfärnebo?» de Cornelia Hesse-Honegger
William Irwin Thompson

20 Réflexions à propos d'«Images»
Joan S. Davis

26 Après Tchernobyl

58 Mon chemin
Cornelia Hesse-Honegger

62 Biographie/Expositions/Publications

English Text

16 An introduction to «What Am I Doing In Österfärnebo?» by Cornelia Hesse-Honegger
William Irwin Thompson

21 Thoughts on «Images»
Joan S. Davis

27 After Chernobyl

59 My path
Cornelia Hesse-Honegger

63 Biography/Exhibitions/Publications

Eine Einführung zu «Warum bin ich in Österfärnebo» von Cornelia Hesse-Honegger

von William Irwin Thompson

Der umstrittene Fall von Cornelia Hesse-Honegger in Zürich ist eigenartig und aus verschiedenen Gründen, die mit Kultur etwas zu tun haben, besonders interessant. Diese Tochter eines Künstlerpaares wurde nicht Graphikerin wie ihre Mutter Warja Lavater, sie trat auch nicht in die Fussstapfen ihres Vaters Gottfried Honegger mit seinen monumentalen, für Städte geschaffenen Skulpturen, sondern wählte sich ihren eigenen Weg. Zwar ist sie in «Warum bin ich in Österfärnebo» ebensosehr Graphikerin wie ihre Mutter und ebenso rational und technisch präzis, wie ihr Vater es in seinem Werk ist, aber sie wandelt das l'art pour l'art, das für die Kunst der Generation ihrer Eltern massgeblich ist, ab und bringt in ihrem Werk die ökologische Krise unserer Zeit zum Ausdruck. Die monumentale Kunst des Vaters steht im Dienst der postindustriellen Stadt und des Büroblocks der multinationalen Unternehmung; in seinen Augen erscheint die Tochter mit ihrer Entschlossenheit, Käfer und kaum bekannte Arten von giftigen Fischen zu malen, eher als wissenschaftliche Illustratorin, Magd des Wissenschaftlers, denn als Künstlerin in ihrem eigenen Namen.

Vielleicht ist die patriarchalische Schweiz, wo die Frauen erst in den siebziger Jahren (dieses Jahrhunderts) das Stimmrecht bekamen, nicht der Ort, wo eine junge Frau mit Leichtigkeit ihr Talent für die Wahrnehmung dessen entfalten kann, was sich am Rand der bewohnten Welt befindet oder vor sich geht. Die Professoren an der Philosophisch-naturwissenschaftlichen Fakultät der Universität Zürich, mit denen Cornelia Hesse-Honegger arbeitete, betrachteten sie eher als ihre Assistentin denn als Kollegin. Den Künstlern in der dünneren Luft der Galerien mit ihren Abstraktionen und Transaktionen war sie zu realistisch und darum nicht wirklich eine Künstlerin. Den Wissenschaftlern war sie zu künstlerisch und eben darum nicht eine wahrhaft auf den Gegenstand ausgerichtete Wissenschaftlerin. Die wohlgeordnete Gesellschaft in der Schweiz war sehr klar und entschieden in ihrer Einschätzung der Werte: Wisssenschaft ist objektiv, Kunst ist subjektiv. Kunst, hiess es, könne in der postindustriellen Welt zur Ausschmückung von Plätzen vor Bürohochhäusern oder Hochschulbauten aus Aluminium und Glas dienen oder sie könne sich bescheidener zur Illustration der bedeutungsträchtigen Beschreibungen der Welt der Natur in den exakten Wissenschaften anbieten.

Kunst und Wissenschaft, Frauen und Männer, Natur und Kultur: alles ist in Ordnung, solange alles an dem Ort bleibt, wohin es gehört, das Niedrige links, das Höhere rechts. Aber als Cornelia Hesse-Honegger ihren Platz verliess, um ihre Kunst als Mittel wissenschaftlicher Untersuchung und politisch relevanter Darstellung der modernen technischen Welt einzusetzen, verletzte sie die schweizerische Hierarchie des Wissenschaftler-Herrn und der Künstlerin-Magd. Indem sie die versehrten und geschädigten Insekten in dem aus Tschernobylwolken verregneten Unterholz untersuchte und es wagte, ihre Studien in der Presse zu publizieren, versetzte sie die Industriekapitäne in Empörung und die Professoren der Entomologie in Zorn; diese erklärten, ihre Wahrnehmungen seien nur Behauptungen, aber keine Beweismittel, die Behauptungen einer Künstlerin seien nicht so wirklichkeitsbezogen und hätten weniger Wert als diejenigen eines professionellen Wissenschaftlers. In den Spalten des «Tages-Anzeiger Magazin» erschienen Leserbriefe, Widerlegungen von Cornelia Hesse-Honeggers Vermutung, schwache Verstrahlung habe bereits schädigende Mutationen bewirkt bei Insekten, die entweder in der Nähe von normal funktionierenden Kernreaktoren lebten oder vom Regen mit radioaktivem Niederschlag von Tschernobyl erreicht worden seien.

Man würde meinen, es sei bekannt, dass diese einfältigen Unterscheidungen zwischen den Mentalitäten von Künstler und Wissenschaftler, von Professional und Amateur der Geschichte nicht entsprechen. Sowohl Heisenberg als A. N. Whitehead erkennt dem Künstler die Fähigkeit zur empirisch exakten Beobachtung und Darstellung der Natur zu [1]. Erinnert man sich an die botanischen Zeichnungen von Dürer, die Notizbücher von Leonardo da Vinci und die anatomischen Tafeln von Vesalius, so versteht man nicht, wie gebildete Leute zu solch falschen Vorstellungen kommen. Vielleicht meinen wir seit der Erfindung der Photographie, Instrumente seien präzis, Künstler aber seien, als Impressionisten oder Expressionisten, Gefühlen und persönlich gefärbten Wahrnehmungen unterworfen. Es hat den Anschein, als hätten wir uns in diesem Schematismus so weit verfangen, dass wir glauben, das Zucken einer Nanosekunde auf dem Messgerät eines Teilchenbeschleunigers sei das Bild eines realen Objektes, Cornelia Hesse-Honeggers Zeichnungen jedoch seien nur Vorspiegelungen, an denen sie Gefallen finde. Merkwürdig.

Zur Zeit, als die Photographie für unsere Interpretation der Welt massgeblich zu werden begann (so wie jetzt der Computer und die Sprache der Datenverarbeitung an die Stelle der Beschreibung gemäss dem menschlichen Gehirn tritt), forderte der Vater der modernen Neurobiologie, S. Ramon y Cajal, weiterhin von allen seinen Studenten, sie müssten Unterricht im Aquarellieren nehmen: «Wenn wir einen Gegenstand der Anatomie oder der Naturgeschichte etc. überhaupt studieren, müssen wir beim Beobachten skizzieren, denn ganz abgesehen von anderen Vorteilen diszipliniert und schärft die Tätigkeit des Abbildens die Aufmerksamkeit, indem sie uns dazu anhält, das ganze Phänomen, das wir studieren, zu erfassen, und verhütet, dass Einzelheiten, die wir bei gewöhnlichem Anschauen übersehen, unserer Beachtung entgehen. In den Naturwissenschaften dürfen wir uns erst dann zufrieden geben, wenn wir gelöst und im einzelnen genau Form und Struktur in der Zeichnung wiederzugeben imstande sind. Manche morphologischen Studien sind ohne Zeichnungen überhaupt nicht zu verstehen. Der grosse Curvier behauptete zu Recht, Naturgeschichte und Anatomie wären ohne die Zeichenkunst gar nicht möglich gewesen. Nicht von ungefähr waren alle grossen Beobachter auch geschickte Zeichner» [2].

Vielleicht kommt diese Einsicht in die wissenschaftliche Kapazität der Kunst und die künstlerische Kapazität der Wissenschaft von der spanischen Tradition, die ein Gegengewicht zur englischen, von Lockes Empirismus geprägten, bildet, denn Neurophysiologen unserer Zeit, Humberto Maturana und Francisco Varela, behaupten durchwegs, dass unsere Wahrnehmung nicht so sehr durch Mimesis als durch Autopoiesis bestimmt ist [3]. Nach angelsächsischer Ansicht ist das Gehirn ein datenverarbeitender Computer, der ein Bild produziert, das seinerseits die Kopie einer unabhängig davon wirklichen Aussenwelt ist; da die Kopie des Gegenstandes nie vollkommen ist, kann die Natur immer durch die Kultur verbessert werden, denn ein Computer kann Informationen schneller und in grösserer Menge verarbeiten als ein Säugergehirn. Einige Erforscher der kognitiven Fähigkeiten und Vorgänge, wie Massimo Piatelli-Palmarini am M.I.T., kommen bereits zur Behauptung, dass auch das, was wir «Gefühl» nennen, eine rechenmässig erfassbare Funktion sei und dass die Spaltung zwischen kognitiv und affektiv überwunden werde, wenn erst einmal die neuronale Grundlage dieser Vorgänge besser erkannt und das Affektive in den quantitativen und berechenbaren Bereich aufgenommen sei. Dann wird nicht nur

die Scheidung zwischen kognitiv und affektiv, sondern auch diejenige zwischen subjektiv und objektiv, zwischen Wissenschaft und Kunst überwunden werden. Die Wissenschaftler im Medienlaboratorium am M.I.T. oder die Künstler am Center for Advanced Visual Studies im gleichen Institut erwarten von den Kunstwerken aus Computern und der Künstlichen Intelligenz derartige Fortschritte, dass ihnen Oelgemälde und Aquarelle als ausgefallene Abbildungen von Dingen in alter Manier vorkommen werden, vergleichbar den Stickereien der Damen viktorianischer Zeit, die nichts zu tun hatten als den Herren der Schöpfung aufzuwarten. Auf einer solchen Stufe technischen Fortschrittes wird die «Natur» von der Kultur aufgesogen werden. Dann wird unsere Kunst, wenn wir dann noch solche Atavismen brauchen, nicht Landschaften einer Aussen- oder Innenwelt produzieren, sondern Darstellungen der Zeit. Das ephemere Quark und die ephemere Schaffung eines Kunstwerks werden nicht verschiedenen Kategorien zugehören, denn die Maschinen der Wissenschaft, die Instrumente der Künstlichen Intelligenz werden Instrumente einer ungehörten Musik sein, von der John Keats in einem Gedicht schreibt. Die äusserste Beschreibung der Natur wird die neueste kulturelle Leistung sein, und wir werden uns in den endlosen Schleifen eines Moebiusbandes bewegen, in welchem unsere Ideen von der Natur unsere Kultur der Ideen widerspiegeln.
Die Kunst Cornelia Hesses hat uns bereits eine solche Welt vorgezeigt, in welcher die Kultur die Natur verschlingt. Als junge Künstlerin in ihren Zwanzigerjahren richtete sie ihr Augenmerk auf den Rand der bewohnten Welt und schuf hyperrealistische Bilder von kaum bekannten Arten giftiger Fische, Geschöpfe, welche in der realistisch-kräftigen Farbgebung der Künstlerin phantastischer sind als die Tiere, die der Einbildungskraft von Yves Tanguy entspringen. Von diesen wunderbar ungeheuerlichen Geschöpfen der Natur wandte sie ihre Aufmerksamkeit den neuen Ungeheuern aus den Laboratorien der Forscher zu, die an der Fruchtfliege arbeiteten. In ihren Abbildungen der Mutationen finden wir uns Landschaften der Zeit gegenüber, schiefen Stilleben, in denen der Raum von der Zeit umgestaltet worden und Evolution nicht mehr natürliche Zuchtwahl, sondern kulturelles Management ist. Die «Welt» wird auf diese Art zum Raum unter der Herrschaft der Zeit; was weit ausgedehnt ist, wird auf einen Punkt zusammengezogen, den Zeitpunkt, den Befehl «Jetzt» des Wissenschaft-

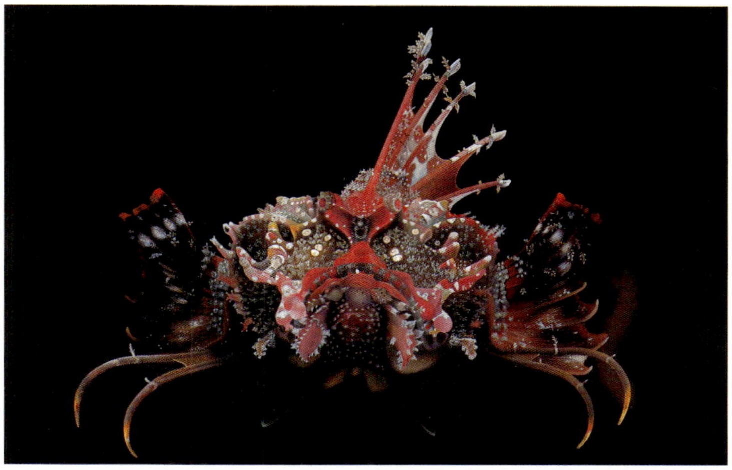

Steinfisch / Inimicus
Aquarell 1964, 25 × 32 cm
Diese aus dem Pazifik stammenden Skorpionsfische sind sehr giftig und interessant, weil sie ganz ruhig auf dem Grund liegen und sich in der Färbung kaum von ihrer Umgebung unterscheiden.

Pesce scorpione / Inimicus
Acquarello 1964, 25 × 32 cm
Questo pesce scorpione che vive nel Pacifico è estremamente velenoso e interessante, in quanto giace immobile sul fondo e, grazie alla colorazione, si distingue a malapena dall'ambiente circostante.

Scorpènes / Inimicus
Aquarelle 1964, 25 × 32 cm
Ces scorpions provenant du Pacifique sont très venimeux et intéressants, car ils gisent tranquillement à la surface du sol, et leur couleur ne permet pas, ou à peine, de les distinguer de leur environnement.

Stone fish / Inimicus
Water color 1964, 25 × 32 cm
These scorpion fishes which come from the Pacific are very poisonous and interesting, because they can lie quietly on the ground and hardly differ in color from the surroundings.

lers. – Im Lauf der Geschichte der westlichen Kunst haben wir uns daran gewöhnt, diese Bilder des heidnischen Raumes durch die Zeit auf den Akt der Kreuzigung fixiert zu sehen. Das Opfer wird zum zentralen Bild des westlichen Menschen mit seinem Drang nach der Schaffung einer Zivilisation, in welcher der Geist über die Materie, der Mann über die Frau herrscht, in welcher ein jüdisch-christlicher Gott die heidnisch-diesseitige Welt transzendiert. Wir sehen hier wiederum, dass Whitehead recht hatte und dass der christliche Glaube an eine vernünftige Weltordnung tatsächlich zum Aufstieg der Naturwissenschaft führte.
Der tote Christus in den Armen der Maria ist ein Bildnis des Opfers; in Cornelia Hesse-Honeggers Ikonographie ist die Natur das Opfer. Die Fliege ohne Augen, die Fliege mit dem verdrehten Kopf sind auf unseren Moment festgeheftet, auf das Auslöschen des Raumes durch die Zeit. Diese Hinwendung auf die feingestickten Details in der Gestalt der kleinen Kreaturen im ganzen Gewebe der Natur ist «Frauensache». Gerade so wie uns die Frauen unter dem Kreuz die alte matriarchalische Ordnung der ewigwährenden Grossen Mutter und des der Zeit verhafteten, sterbenden Mannes wieder zum Bewusstsein bringen, so erinnert uns die Frau, die als Magd und Illustratorin an der Seite des Herrn Professor Doktor an der Universität Zürich arbeitet, an die vorgeschichtliche Rolle der Frau, die gelassen Früchte sammelt, während der Mann verbissen dem Wild nachjagt. Am Rand der Wirklichkeit sammelt Cornelia Hesse-Honegger unter dem Unkraut auf den Feldern in der Nähe von Kernreaktoren Insekten, und was sie dort in den Mutationen der kleinen Kreaturen entdeckt, kommt einer Beschreibung unserer eigenen bedrohten Art gleich.
Im Bild des gekreuzigten Christus haben wir eine Darstellung des Opfers, dessen Bedeutung sowohl von den Gesetzen der objektiven Römer als auch von den Leidenschaften der subjektiven Juden verkannt und verneint wurde. Im Bild des mutierten oder verstümmelten Insekts, wie Cornelia Hesse-Honegger es wiedergibt, haben wir das Ikon der Natur als Opfer, dessen Bedeutung weder die objektiven Wissenschaftler noch die subjektiven Künstler erkennen, denn die einen dieser professionellen Spezialisten unserer postindustriellen Welt sind in ihren Laboratorien, die andern in ihren Galerien am Werk. Wäre Cornelia Hesse-Honegger bequemer oder mehr auf Selbstverwirklichung bedacht und hätte sie den konventionelleren Weg der konzeptuellen Kunst oder der «performance art» gewählt, so hätte sie möglicherweise Anerkennung gefunden bei Galerien und Museen oder bei Kunstbuch-Verlegern, die alle ihre Werke ablehnen, weil sie nicht wirklich «Kunst» seien. Hätte sie sich damit zufrieden gegeben, als Illustratorin die bescheidene Zudienerin der Naturwissenschaftler zu bleiben, so hätte sie sich weiterhin der Wertschätzung ihrer Vorgesetzten erfreut.
Neulich haben die Museen von New York und Bern Andy Warhols Verherrlichung des Automobils als das eigentliche Ikon unserer erschöpften Industriegesellschaft ausgestellt. Es hat den Anschein, als ob wir imstande seien, in unseren Köpfen, unseren Herzen, unseren Museen Platz zu finden für Warhols Ikonographie von Erfolg, kostspieligen Autos und xeroxkopierten Filmstars, und anscheinend schreiben wir seinen Ausspruch, das Geschäft sei die grösste Kunst, mit Wohlgefallen an die Wand, so dass alle ihn sehen können. Cornelia Hesse-Honeggers Ikonographie der Opfer des technischen Fortschritts jedoch wird als grüne oder feministische Verzerrung abgelehnt, weil sie ohnehin weder wissenschaftlich noch künstlerisch sei. Eigentümlich, wie Professoren, die viel Wesens um Heideggers oder Derridas Dekonstruktion des Westens und deren «Metaphysik der Gegenwärtigkeit» machen, nicht zu erkennen vermögen, dass im Bildnis der Fliege ohne Augen eine Meditation über das fehlende Gen steckt, das an der Entstehung des vorliegenden Monstrums schuld ist. Cornelia Hesse-Honeggers Bildnisse von Mutationen sind tatsächlich Darstellungen der «Zeit als Horizont des Seins», doch weil sie diesen Horizont senkt, um uns durch die lautlosen Schreie von Kreaturen unter unseren Füssen in Bestürzung zu versetzen, wird sie von den Künstlern ebenso wie von den Wissenschaftlern abgelehnt.
Die Kritik ist von der einen wie von der anderen Seite verfehlt. Wenn Cornelia Hesse-Honegger tatsächlich einem Irrtum in der Einschätzung der Wirkung von niedrigen Dosen radioaktiver Bestrahlung auf Insekten und Pflanzen erliegt, so gehört das ebenso zum kulturellen Lernprozess wie die Irrtümer der Wissenschaftler beim DDT oder Thalidomid. Auch Madame Curie schätzte die Wirkung des Radiums auf ihr eigenes Leben falsch ein, aber sie figuriert weiterhin in der Geschichte der Naturwissenschaft. Cornelia Hesse-Honegger mag unrecht haben mit ihrer Meinung, das Aquarell eines Insekts sei ästhetisch so interessant wie die Xerokopie eines Filmstars, aber in unserer Technikgesellschaft müssen wir über die Wissenschaft nachdenken, und paradoxerweise ist die Kunst die wahrhaft objektivste und distanzierteste Weise solchen Nachdenkens. Wenn wir also mittels der Kunst über die Wissenschaft nachdenken, so können wir in dem betonten «Sosein» von Cornelia Hesse-Honeggers Insekten einen Realismus entdecken, der uns ästhetisch beunruhigt, weil er weder Entsetzen hervorrufen will noch natürlich ist, sondern das darstellt, was wir aus der Natur gemacht haben, der Natur, die wir einst als fest gegeben anschauten.

[1] Siehe A. N. Whitehead, Science and the Modern World (Signet, N. A. L., New York, 1967), also, Werner Heisenberg, «The Representation of Nature in Contemporary Physics» in Symbolism in Religion and Literature, ed. Rollo May (Harper & Row, New York, 1960), p. 209.
Für eine detaillierte Studie über die Beziehung von Kunst und Wissenschaft in der Entwicklung des Bewusstseins während der italienischen Renaissance, siehe Jean Gebser «Ursprung und Gegenwart» in der Gesamtausgabe Vol. 2 (Schaffhausen, Novalis Verlag, 1986).

[2] Zitat aus J. Alan Hobson «The Dreaming Brain» (Basic Books, New York, 1988), pp. 95–97.

[3] Siehe Humberto Maturana and Francisco Varela, «The Tree of Knowledge; the Biological Roots of Human Knowledge» (Boston, New Science Library, 1987), p. 132, oder «Der Baum der Erkenntnis», Scherz Verlag, 1987.

Dr. phil. William I. Thompson ist Professor für Human- und Sozialwissenschaften, Gründer der «Lindisfarne Association» in New York City. Er wurde 1972 für den internationalen Buchpreis in den Vereinigten Staaten vorgeschlagen und erhielt 1986 den Preis für Dichtung am «International Festival» in Oslo. Er ist Autor von Werken zur Geschichte und Kulturphilosophie, hat aber auch einen Roman und Gedichte geschrieben; seine Bibliographie umfasst insgesamt 15 Buchtitel.

Un'introduzione a «Che ci faccio io nell'Österfärnebo» di Cornelia Hesse-Honegger

di William Irwin Thompson

Il controverso, curioso caso di Cornelia Hesse-Honegger di Zurigo appare, a noi americani, particolarmente interessante per varie ragioni di ordine culturale. Proveniente da una famiglia d'artisti, si mette in cammino sul suo proprio sentiero, che non è quello grafico dalla madre, Warja Lavater, né poi quello delle monumentali sculture urbane del padre, Gottfried Honegger; e nondimeno con «Che ci faccio io nell'Österfärnebo?» diviene disegnatrice, come la madre, e diviene razionalmente e tecnologicamente accuratissima, com'era l'opera del padre; e lo fa assumendo l'arte della generazione dei suoi genitori per i suoi propri interessi, riorientandola cioè in un'espressione della crisi ecologica che affligge il nostro tempo. L'arte monumentale del padre era una scultura al servizio della città post-industriale e dei grandi complessi per uffici di enti multinazionali; e così, per Gottfried Honegger, la decisione della figlia, dedita a ritrarre cimici e oscure specie di pesci velenosi, gliela fece apparire più come illustratrice scientifica, ancella dello scienziato, che artista nella pienezza dei diritti a lei propri.

Forse la Svizzera patriarcale, nella quale le donne ottennero solo negli anni settanta il diritto di voto, non era luogo facile in cui una giovane potesse sviluppare il suo talento percettivo ai margini del mondo abitato. Il professore di scienze naturali dell'Università di Zurigo con il quale Cornelia Hesse-Honegger collaborava e la guardava dall'alto in basso, considerandola più un'assistente che una collega. Per gli artisti operanti, tra astrazioni e transazioni, nel puro mondo delle gallerie, la Hesse-Honegger era troppo incline al realismo e dunque non genuinamente «artista». Per gli scienziati, poi, era troppo artista, non genuinamente, oggettivamente «scienziata». Per l'ordinaria società svizzera di cui ella faceva parte, le cose stavano in modo molto chiaro e semplice: la scienza era oggettiva, l'arte soggettiva. L'arte poteva servire a decorare delle piazze ornate dall'alluminio turrito del mondo post-industriale coi suoi uffici in vetro e i suoi campus universitari, oppure poteva, più umilmente, offrirsi anche d'illustrare le più poderose descrizioni del mondo naturale che il rigore scientifico sappia fornirci.

Arte e scienza, donna e uomo, natura e cultura: tutto bene fintanto che ogni cosa se ne sta al posto assegnatole, magari saltabeccando a sinistra e a destra per salir di valore. Ma allorché la Hesse-Honegger abbandonò i ranghi per impiegare la sua arte nell'analisi scientifica o nella descrizione politica del mondo tecnologico moderno, allora in Svizzera, tra le gerarchia scientifiche profanate e tra le annesse ancelle, esplose il disordine. Analizzando gli insetti del sottobosco innondati dalle nuvole piovose di Cernobyl, ebbe la temerarietà di pubblicare i suoi studi sulla stampa, oltraggiando così i leaders industriali della società in cui viveva e provocando l'irritazione degli entomologi che conclamavano essere le sue percezioni non già argomenti, ma mere asserzioni, ove le asserzioni di un'artista non possono, ovviamente, considerarsi altrettanto valide ed adeguate quanto quelle di uno scienziato professionista. Le pagine di Das Magazin (che è un po' l'equivalente zurighese del New York Times Sunday Magazine) presero a gonfiarsi d'epistole professionalmente confutanti l'idea suggerita dalla Hesse Honegger secondo cui radiazioni di artificiali «basso livello» avevano indotto dannose mutazioni negli insetti intaccati dalla semplice prossimità a reattori nucleari normalmente funzionanti o dalle precipitazioni piovose seguite al disastro di Cernobyl.

Il caso è invero curioso, in quanto noi americani tendiamo a pensare che gli europei siano generalmente più colti di noi, e che essi si mostrerebbero perciò capaci di riconoscere al volo come ogni semplicistica partizione concettuale tra scienziato e artista, o tra professionista e dilettante, sia storicamente errata. Tanto Werner Heisenberg che A. N. Whitehead, nei loro saggi di storia della scienza, hanno riconosciuto che la palma per creazione del metodo empirico spetta proprio all'artista per la sua serrata osservazione della natura [1]. Richiamando alla mente i disegni botanici di Dürer, i quaderni di Leonardo o gli schizzi anatomici del Vesalio risulta poi penoso dover osservare quanto siano diffuse presso persone colte certe erronee concezioni dell'arte. Ma forse la colpa è della fotografia, perché dalla sua scoperta sembriamo attenderci che gli strumenti siano sempre più precisi e che gli artisti siano, per converso sempre, più impressionisticamente o espressionisticamente traboccanti di sentimenti e percezioni soggettive, ossia alterate. Sembriamo aver percorso a tal punto questo corridoio burocratico da pensare che un nanosecondo d'oscillazione in un acceleratore di particelle atomiche sia l'immagine di un oggetto reale, mentre i disegni della Hesse-Honegger sarebbero invece delle suggestioni auto-indulgenti. Curioso.

Al tempo in cui la fotografia incominciava a sostituirci nell'interpretazione del mondo (così come ora il computer e il linguaggio dell'elaborazione dati ci hanno sostituiti nelle descrizioni mentali) il padre della neurobiologia moderna, S. Ramon y Cajal, insisteva a ciò che tutti i suoi studenti prendessero lezioni d'acquarello:

Quando il nostro studio concerne oggetti anatomici, di storia naturale ecc., le osservazioni andranno accompagnate a schizzi, affinché, gli altri vantaggi a parte, l'atto del dipingere disciplini e corrobori la nostra attenzione obbligandoci a percorrere l'interezza del fenomeno studiato e preservandoci dunque dal lasciare che alla nostra attenzione sfuggano quei dettagli frequentemente trascurati in osservazioni ordinarie. Nelle scienze naturali possiamo invero trarre soddisfazione dalla conoscenza di forma e struttura solo quando ci riesca di delinearle facilmente e dettagliatamente. Ciò è tanto più vero in quanto molti studi morfologici restano incomprensibili se privi d'illustrazioni. Il grande Curvier è nel vero quando afferma che, se non ci fosse stata l'arte del disegno, la storia naturale e l anatomia non sarebbero potute esistere. Non senza ragione tutti i grandi osservatori furono anche disegnatori provetti [2].

Forse questa veduta concernente la capacità scientifica dell'arte e la capacità artistica della scienza proviene da una tradizione ispanica, la quale può però servire al bilanciamento dell'empirismo lockeiano insito alla tradizione inglese, tanto più che importanti scienziati contemporanei, quali Humberto Maturana e Francisco Varela, hanno ribadito essere la percezione determinata non tanto dalla mimesi quanto dall'autopoiesi [3]. Secondo il modo di vedere anglosassone il cervello sarebbe come un elaboratore di informazioni che produce un'immagine-copia di un mondo esterno, indipendente e reale; e dato che la copia dell'oggetto non può mai essere perfetta, la natura sarà sempre suscettibile di migliorie, grazie alla cultura; perciò un computer elaborerà più informazioni e in modo più veloce di quanto non sappia un mero cervello di mammifero. Alcuni studiosi di problemi della cognizione, come Massimo Piatelli-Palmarini del M.I.T., sono oggi inclini a sostenere che quanto noi chiamiamo «sentimento» sia anch'esso riducibile a funzione computazionale, e che, quando il fondamento neuronico di tutto ciò sarà meglio compreso, il divario tra il cognitivo e l'affettivo potrà dirsi, nel suo carattere affettivo, superato e verrà sussunto all'ambito quantitativo e computazionale. A questo punto non solo sarà superato il divario tra cognitivo e affettivo, ma anche quello tra oggettivo e soggettivo, tra scienza e arte. Secondo gli scienziati del Media Lab del M. I.T. e gli artisti del Centre of Advanced Visual Studies, l'arte generata dagli elaboratori elettronici e dall'Artificial Intelligence sarà in grado di realizzare progressi talmente grandi da farci apparire i quadri e gli acquarelli alla stregua di bizzarre antichità un po' come i pizzetti delle dame vittoriane, al seguito degli imperi maschili. A tali condizioni di progresso tecnologico, la «natura» verrà asorbita dalla cultura. E a questo punto la nostra arte, se ancora abbisogneremo di siffatti atavismi, non consisterà più in paesaggi raffiguranti il mondo di fuori o quello di dentro, ma solo in performances temporali. Il carattere effemerico del quark e quello di un'opera d'arte, categorialmente, non differiranno giacché le macchine della scienza e gli strumenti dell'intelligenza artificiale saranno strumenti di un'inaudita melodia keatsiana. La descrizione definitiva della natura diverrà l'ultima performance della cultura, e noi potremo fare indefinitamente la spola sulle volute di uno specchiante anello di Moebius su cui le nostre idee intorno alla natura rifletteranno la nostra cultura ideale e via di questo passo.

Quel che l'arte di Cornelia Hesse-Honegger ci fa già conoscere è proprio un mondo siffatto, nel quale la cultura ha ingoiato la natura. Da giovane artista, ancor ventenne, diresse le sue facoltà percettive verso l'angolo disabitato del mondo onde creare immagini iper-realistiche di oscure specie di pesci velenosi, creature che, nella coloritura intensa conferitagli con filologico rigore dall'artista, superavano le bestie fantastiche immaginate da Yves Tanguy. Da queste creazioni di natura, mostruosamente meravigliose, la Hesse-Honegger spostò poi la sua attenzione verso i nuovi mostri creati nei laboratori di ricerca genetica su insetti frugivori. Nella sua documentazione pittorica di mutazioni ci ha presentato i paesaggi temporali di un'obliqua natura morta in cui lo spazio è raggrumato nel tempo e l'evoluzione scivolata dalla selezione naturale all'industria culturale. Così il «mondo» diviene spazio soggetto alla dominazione del tempo; l' estensione selvaggia è trafitta in un punto, fissata su un punto di questo tempo, di questo arché scientifco dell'«istante».

Nella storia dell'arte occidentale, siamo usi incontrare queste immagini, di spazio pagano trafitto dal tempo, nell'atto della Crocefissione. La vittima diviene l'icona centrale dell'impulso che spinge l'occidente verso una civiltà nella quale la mente domina la materia, il maschile domina il femminile e un dio giudeo-cristiano trascende la natura pagana, immanente. Di nuovo possiamo qui vedere come Whitehead avesse ragione e quanto il sistema di fede nell'ordine razionale delle cose fosse, cristianamente, il prodromo della nascita della scienza.

Il Cristo morto tra le braccia di Maria è un ritratto della vittima; nell'iconografia temporale della Hesse-Honegger la Vittima è la natura. L'insetto senz'occhi, o l'insetto con l'attaccatura della testa invertita, è trafitto per il nostro «istante», per la nostra obliterazione temporale dello spazio. Questa attenzione verso i dettagli ricamati di creature, piccole nella trama della vita, è ovviamente un «lavoro di donna», giacché proprio come le donne ai piedi della croce ricordano il vecchio ordine matriarcale dell'indulgente Grande Madre (nonché per converso il grande balzo temporale, rovinosamente maschile) così il lavoro femminile, ancillar-illustratorio condotto a fianco del gran signor dottor professore dell'Università di Zurigo evoca il ruolo preistorico di una 'lei' dedita a futili pratiche di raccolta (mentre 'lui', tanto più seriamente, va a caccia). Le pratiche di raccolta dell'artista – condotte, ai margini della realtà, su insetti che, tra le malerbe dei campi, sopravvivono ai reattori nucleari – e tutto ciò che la Hesse-Honegger ha scoperto nelle mutazioni di piccole creature è, tout court, una descrizione della nostra specie in pericolo.

Nell'icona del Cristo crocefisso abbiamo il ritratto della Vittima cui negano significato sia la legge oggettiva dei romani che la passione soggettiva degli ebrei. Nell'icona d'insetti mutanti o mutilati la Hesse-Honegger manifesta la natura come la vittima il cui significato viene visto con sufficienza e sospetto dall'oggettività di scienziati e dalla soggettività di artisti, professionalmente troppo affaccendati altrove, nei laboratori e nelle gallerie della società post-industriale. Se in qualche modo – un po' più convenzionalmente arrendevole o «lirico» – la Hesse-Honegger avesse scelto di divenire un'artista concettuale o performativa, ella avrebbe potuto essere accettata da gallerie e musei, e dagli editori di libri d'arte che invece hanno respinto i lavori disponibili in quanto non pienamente «artistici». Se si fosse contentata di rimanere l'umile illustratrice, ancella degli scienziati, avrebbe certo continuato a godere l'apprezzamento dei superiori.

In stagioni recenti i musei di New York e di Berna hanno esposto l'apoteosi celebrata da Andy Warhol in onore dell'automobile quale icona centrale della nostra esausta società industriale. Sembra che siamo capaci di trovare spazio nelle nostre menti, nei nostri cuori, e nei nostri musei per le iconografie warholiane del successo, delle auto costose e delle dive cinematografiche serigrafate, e le sue parole secondo cui il business sarebbe la maggiore tra le arti, le apporremmo volentieri ad iscrizione muraria, affinché tutti le possano vedere. Ma l'iconografia della Hesse-Honegger – dedicata com'è alle vittime del progresso tecnologico e non essendo né scienza né arte – viene liquidata, quasi fosse del caricaturismo politico nato da un'ubbia femministico-ambientalista. Curioso che i professori – che la tirano tanto lunga su Heidegger, Derrida, la «decostruzione dell'occidente» e la «metafisica della semplice presenza» – poi non riescano a scorgere, nel ritratto dell'insetto senz'occhi, una meditazione sull'assenza del gene che e responsabile per la formazione del mostro presentato. I ritratti di mutazioni fatti dalla Hesse-Honegger presentano, essi sì sul serio, il nostro «tempo nell'orizzonte ontico», ma poiché al nostro orizzonte la ritrattista ha conferito un'intestazione «bassa» (oltretutto confondendoci con gli urli afoni che risalgono da creature poste al di sotto dei nostri talloni), ella è infine incorsa nella censura simultanea di scienziati ed artisti.

Eppure le critiche mossegli da entrambi questi pulpiti eludono la questione centrale. Se quanto la Hesse-Honegger afferma intorno agli effetti che le radiazioni artificiali di «basso dosaggio» esercitano su insetti e piante fosse pur «sbagliato» sotto il profilo fattuale, ciò costituirebbe per noi un fattore di apprendimento culturale tanto quanto le affermazioni degli scienziati che si sono «sbagliati» sul DDT o sul talidomide. La stessa madame Curie sbagliò intorno agli effetti del radium sulla sua vita, eppure ella resta parte della storia della scienza. La Hesse-Honegger potrebbe anche aver sbagliato, nel pensare che l'acquarello di un insetto sia esteticamente più interessante di una star cinematografica serigrafata, ma, nella nostra società tecnologica, noi abbiamo da meditare sulla scienza e, paradossalmente, il modo più autenticamente oggettivo e distaccato di farlo è farlo con l'arte. Così, se davvero vogliamo meditare con l'arte sulla scienza, troveremo nell'intensa «suchness» di questi insetti un realismo che è esteticamente preciso nella sua irresolutezza essendo, né orripilante né naturale, ciò che abbiamo fatto della natura da noi un tempo immaginata come alcunché di «dato».

[1] Vedi A.N. Whitehead, «Science and the Modern World» (Signet, N. A L., New York, 1967, ed. it.: «La scienza e il mondo moderno», trad. A. Banfi, Bollati Boringhieri, Torino 1979; vedi inoltre, Werner Heisenberg, «The Representation of Nature in Contemporary Physics» in «Symbolism in Religion and Literature», a cura di Rollo May (Harper & Row, New York, 1960), p. 209.
Per uno studio dettagliato sul rapporto tra arte e scienza nell'evoluzione della coscienza rinascimentale italiana, vedi di Jean Gebser, «Ursprung und Gegenwart» in Gesamtausgababe, Vol. 2 (Schaffhausen, Novalis Verlag, 1986).

[2] Come riportato J. Alain Hobson «The Dreaming Brain» (Basic Books, New York, 1988) pp. 95–97.

[3] Vedi Humberto Maturana e Francisco Varela, «The Tree of Knowledge; the Biological Roots of Human Knowledge» (Boston, New Science Library, 1987) p. 132; (ed. it., «L'albero della conoscenza», trad. G. Melone, Garzanti, Milano 1987).

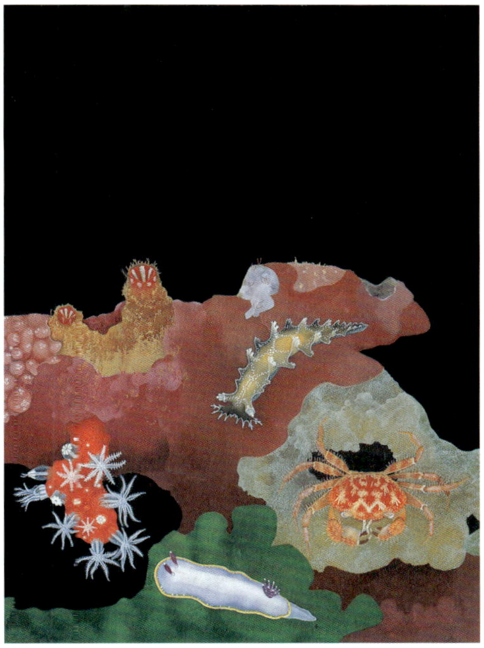

Lebensgemeinschaft im Korallenmeer
Aquarell 1966, 27 × 39 cm
Lebensgemeinschaft von Tieren und Algen in 20 m Tiefe. Die rote Edelkoralle, die Nacktschnecken, Hohltiere, Krebse und viele andere Organismen bilden zusammen das «Coralligène» im Mittelmeer.

Convivenza nel mare corallino
Acquarello 1966, 27 × 39 cm
Convivenza di animali e alghe a 20 m di profondità. I coralli nobili rossi, le limacce, i celenterati, i granchi e molti altri organismi formano il «coralligène» nel Mare mediterraneo.

Communauté dans la mer de corail
Aquarelle 1966, 27 × 39 cm
Communauté composée d'animaux et d'algues à 20 m de profondeur. Les éléments coralligènes sont en Méditerranée les coraux précieux rouges, les limaçons, les cœlentérés, les crabes et de nombreux autres organismes.

William Irwin Thompson è professore di scienze umane e sociali, fondatore della «Lindisfarne Association in New York City». Nominato negli USA per l'«International Book Award» negli anni 1972 e 1986, è stato insignito dell'«Oslo Poetry Award». Autore di 15 pubblicazioni, storiche, liriche, letterarie e di filosofia della cultura.

Colony in the Coral Sea
Water color 1966, 27 × 39 cm
Colony of animals and algae at the depth of 20 meters. The red precious coral, the naked snail, the hollow animal, the crab and many other organisms form together the coral in the Mediterranean.

Une introduction à
«Pourquoi suis-je à Österfärnebo?»
de Cornelia Hesse-Honegger

par William Irwin Thompson

La controverse au sujet de Cornelia Hesse-Honegger, de Zurich, est inhabituelle et intéresse particulièrement les Américains pour de nombreuses raisons culturelles. Fille de parents artistes, elle se lance sur un chemin bien à elle, qui n'est ni celui de l'art graphique de sa mère, Warja Lavater, ni celui des sculptures urbaines monumentales de son père, Gottfried Honegger. Dans son livre «Warum bin ich in Österfärnebo?» (Pourquoi suis-je à Österfärnebo?), son art graphique est semblable à celui de sa mère et sa précision technique et rationelle est pareille à celle des œuvres de son père, mais elle le fait d'une manière qui reprend à son propre compte l'art de la génération de ses parents et le réoriente vers une expression de la crise écologique de notre temps. L'art monumental de son père est une sculpture au service de la ville post-industrielle et des bâtiments abritants des organismes multinationaux. Pour Gottfried Honegger la décision de peindre des punaises et des espèces obscures de poissons venimeux donne à sa fille l'allure d'être plutôt une illustratrice scientifique, une femme au service de l'homme de science, plutôt qu'une artiste avec son propre style – ou un style comme le sien.

Peut-être la Suisse patriarchale qui n'a accordé le droit de vote aux femmes que dans les années 70, n'est-elle pas l'endroit le plus favorable pour une jeune femme désirant développer un talent pour la perception aux limites du monde inhabité. Les professeurs de sciences naturelles de l'Université de Zurich avec lesquels Cornelia Hesse-Honegger a travaillé, n'étaient pas différents de son père et la considéraient comme une assistante plutôt que comme une collègue. Pour les artistes dans le monde pur des galeries d'art abstrait et des transactions, elle était trop réaliste et de ce fait pas vraiment une artiste. Pour l'homme de science, elle était trop artiste et de ce fait pas vraiment une scientifique objective. La société suisse ordonnée qui était la sienne, était très claire et nette sur la nature des valeurs: la science était objective, l'art subjectif. L'art pouvait servir à décorer les places en face des tours-immeubles de bureaux en verre et aluminium ou des universités du monde post-industriel, ou bien plus modestement à illustrer les descriptions les plus frappantes du monde naturel dans les sciences exactes.

L'art et la science, les femmes et les hommes, la nature et la culture: tout est en ordre aussi longtemps que les choses restent à leur place, l'échelle des valeurs allant ici bien entendu de la gauche vers la droite. Mais lorsque Madame Hesse-Honegger changea de place, utilisant son art comme une possibilité d'analyse scientifique et de description politique du monde technique moderne, elle fit éclater le désordre en Suisse, violant ainsi la hiérarchie entre les maîtres de la science et la servante de l'art. En analysant les insectes endommagés dans les sous-bois inondés par la pluie des nuages de Tchernobyl et en osant publier les résultats de ses travaux dans la presse, elle outragea les leaders industriels de la société et exaspéra les professeurs d'entomologie qui déclarèrent que sa perception des choses n'était pas fondée, qu'il ne s'agissait que de simples affirmations, et naturellement, que les affirmations d'une artiste n'étaient pas aussi objectives et aussi valides que celles d'un scientifique professionnel. Les pages de «Das Magazin» (l'équivalent zurichois du New-York Time Sunday Magazine) commençèrent à se remplir de lettres réfutant au niveau professoral la suggestion de Madame Hesse-Honegger, à savoir que déjà de faibles radiations pouvaient provoquer des lésions par mutation chez les insectes vivant à proximité de réacteurs nucléaires fonctionnant normalement, ou chez ceux atteints par les nuages de pluie chargés de retombées radioactives après l'accident de Tchernobyl.

Le cas est en effet curieux pour nous Américains qui avons tendance à penser que les Européens jouissent généralement d'une éducation plus élevée que la nôtre et que, de ce fait, ils seraient en mesure de reconnaître immédiatement que ces divisions simplistes entre le scientifique et l'artiste, le professionnel et l'amateur, concernant leur manière de penser, sont historiquement fausses. Werner Heisenberg et A. N. Whitehead ont tous deux, dans leurs essais sur l'histoire de la science, reconnu l'artiste comme étant le créateur de la méthode empirique de l'examen minutieux de la nature [1]. Si l'on fait allusion ici aux dessins botaniques de Durer, aux carnets de Da Vinci et aux dessins anatomiques de Vesalius, il est difficile de comprendre pourquoi ces fausses idées sur l'art ont cours chez des personnes hautement éduquées. Mais peut-être cela est-il la faute de la photographie qui depuis son invention, semble nous laisser attendre des instruments, qu'ils soient exacts, et des artistes, qu'ils soient pleins de sentiments et de perceptions déformées par la subjectivité, à la façon impressioniste ou expressioniste. Apparemment nous avons progressé si loin à travers ce corridor bureaucratique, que nous considérons actuellement une vibration d'un milliardième de seconde sur un compteur dans un accélérateur de particules atomiques comme l'image d'un objet réel alors que les dessins de Madame Hesse-Honegger seraient des illusions auto-indulgentes. Curieux.

A l'époque où la photographie commençait à prendre possession de notre interprétation du monde (ainsi que le font actuellement les ordinateurs et le langage informatique au sujet des descriptions du cerveau), le père de la neurologie moderne, S. Ramon y Cajal, insistait pour que tous ses étudiants prennent des leçons de peinture à l'eau.

Si notre étude concerne un objet relatif à l'anatomie ou à l'histoire naturelle, etc., les observations devront être accompagnées d'esquisses afin que, à coté d'autres avantages, l'acte de peindre quelque chose discipline et renforce l'attention, obligeant à saisir le tout ou le phénomène étudié, et de ce fait évitet l'oubli de détails qui souvent échappent à l'attention lors d'observations ordinaires. Dans le domaine des sciences naturelles, nous ne pouvons être satisfaits de nous que lorsque connaissant la forme ou la structure des objets observés, nous sommes capables de les dessiner facilement et en détail. Ceci est tout ce qu'il y a de plus vrai, car beaucoup d'études morphologiques seraient incompréhensibles sans des dessins. Le grand Curvier a raison d'affirmer que sans l'art du dessin, l'histoire naturelle et l'anatomie auraient été impossibles. Ce n'est pas sans raison que tous les grands observateurs sont d'habiles dessinateurs [2].

Peut-être cette compréhension de l'aptitude scientifique de l'art et de l'aptitude artistique de la science vient-elle d'une tradition espagnole qui sert de contrepoids à l'empirisme de Locke dans la tradition anglaise, car les savants neurologues contemporains, Humberto Maturana et Francisco Varela, n'ont cessé d'affirmer que la perception n'est pas déterminée par le mimétisme autant que par l'autopoïèse [3]. Du point de vue anglo-saxon, le cerveau est un ordinateur traitant les données de l'information et produisant une image qui représente la copie d'un monde extérieur, réel, indépendant; puisque la copie de l'objet n'est jamais parfaite, la nature a toujours tendance à être améliorée par la culture; un ordinateur peut en effet traiter l'information en de plus grandes quantités et à des vitesses beaucoup plus rapides qu'un simple cerveau de mammifère. Certains scientifiques dans le domaine de la cognition, comme Massimo Piatelli-Palmarini de l'M. I. T., sont actuellement prêts à affirmer que ce que nous appelons «sentiments», est en fait une fonction calculatrice et que, si la base neuronale de ces évaluations est mieux comprise, le fossé entre le cognitif et l'affectif sera comblé, dans le sens que l'affectivité sera considérée comme partie intégrante du domaine quantitatif et calculateur. A ce niveau non seulement seront comblé le fossé entre le cognitif et l'affectif, mais aussi celui entre l'objectif et le subjectif, entre la science et l'art. Pour les scientifiques du laboratoire de l'M.I.T., ou pour les artistes au Centre des études visuelles avancées, l'art né de l'ordinateur et l'intelligence artificielle sont capables de faire de tels progrès que les canevas et la peinture à l'eau deviendront de pittoresques antiquités aux cotés d'activités telles que la broderie des dames de la société victorienne, soucieuses avant tout de servir les intérêts des hommes. Dans de telles conditions de progrès technologique, la «nature» sera absorbée par la culture. A ce moment là, notre art, si nous avons toutefois encore besoin de tels atavismes, ne montrera pas des paysages du monde extérieur ou intérieur, mais des présentations du temps. Le quark éphémère et la réalisation éphémère d'un travail artistique n'appartiendront pas à des catégories différentes, car les appareils scientifiques, les instruments de l'A. I. seront les instruments d'une musique inconnue de Keats. La description dernière de la nature portera la marque de la dernière réalisation de la culture et nous voyagerons dans les détours infinis d'un ruban de Moebius, détours dans lesquels nos idées sur la nature refléteront notre culture des idées.

Ce que l'art de Cornelia Hesse-Honegger nous montre déjà maintenant, est justement un monde dans lequel la culture a englouti la nature. Comme jeune artiste vers vingt ans, elle déplaça ses perceptions vers les limites du monde inhabité afin de créer les images hyperréalistes de sortes inconnues de poissons venimeux, créatures qui, grâce à l'exacte reproduction par l'artiste de leurs intenses couleurs, dépassèrent en fantastique les bêtes de l'imagination d'Yves Tanguy. Partant de ces créations merveilleusement monstrueuses, elle reporta ensuite son attention sur les nouveaux monstres créés dans les laboratoires de recherche génétique sur les drosophiles. Dans ses peintures de mutations, des sortes de paysages du temps, elle a présenté à notre regard une nature morte déformée dans laquelle

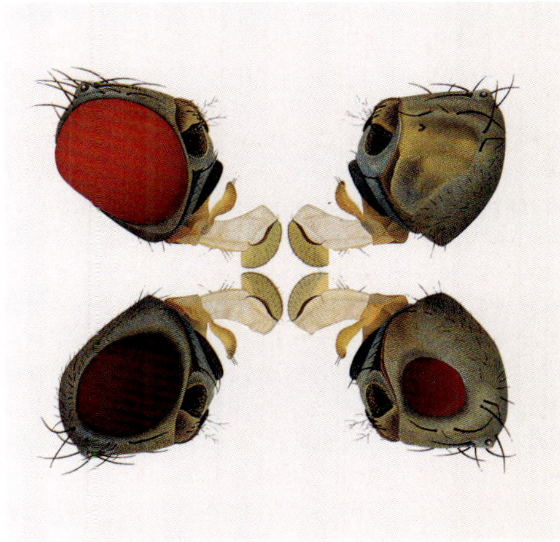

Laborfliege Drosophila subobscura mutante «eyeless»
Aquarell 1967, 38 × 41 cm
Das Gen «eyeless» verkleinert das Auge der Taufliege. Das Bild zeigt vier Möglichkeiten: von Normalgesichtigkeit oben links bis zur Blindheit oben rechts.

Mosca da laboratorio Drosophila subobscura mutante «eyeless»
Acquarello 1967, 38 × 41 cm
Il gene «eyeless» rimpicciolisce l'occhio della drosophila. Il quadro mostra 4 varianti: dalla vista normale, in alto a sinistra, alla cecità, in alto a destra.

Mouche de laboratoire Drosophila subobscura mutante «eyeless»
Aquarelle 1967, 38 × 41 cm
Le gène "eyeless" réduit l'œil de ce moucheron. L'image présente quatre possibilités, d'un visage normal en haut à gauche à la cécité en haut à droite.

Laboratory fly Drosophila subobscura mutante 'eyeless'
Water color 1967, 38 × 41 cm
The eyeless gene makes the eye of the drosophila smaller. The picture shows four possibilities: normal sightedness above left to blindness above right.

l'espace a été ré-assemblé en temps et évolution, déplaçé de la sélection naturelle vers le maniement culturel. Le monde acquiert ainsi un espace sous la domination du temps; une étendue déréglée est immobilisée à un seul point, est fixée au point du moment présent, ce commandement scientifique du «maintenant».

Dans l'histoire de l'art occidental, nous avons été habitués à voir ces images d'espace païen fixé et immobilisé par le temps dans l'acte de la crucifixion. La victime devient l'icône centrale de l'impulsion de l'Ouest à créer une civilisation dans laquelle l'esprit domine la matière, la mâle domine la femelle et un Dieu judéo-chrétien transcende une nature païenne, immanente. Ici de nouveau, nous pouvons constater combien Whitehead avait raison et combien le système de foi en l'ordre rationnel des choses dans le Christianisme était en fait le précurseur de l'essor de la science.

Le Christ mort dans les bras de Marie est un portrait de la victime: dans l'iconographie du temps de Cornelia Hesse-Honnegger, c'est la nature qui est la victime. La mouche sans yeux, ou la mouche à la tête «retournée», est immobilisée à notre instant, à notre croisement de l'espace par le temps. L'attention portée sur les détails de ces petites créatures, brodés dans la toile de la vie est manifestement un «travail de femme»: tout comme les femmes aux pieds de la croix rappellent le vieil ordre matriarcal de la Grande Mère endurant la souffrance et le mâle périssable lié au temps, de même la femme, travaillant comme servante et illustratrice aux cotés du grand professeur docteur à l'Université de Zurich, rappelle le rôle préhistorique de la femme faisant nonchalamment la cueillette, tandis que l'homme s'adonnait plus sérieusement à la chasse. Aux limites de la réalité, Cornelia Hesse-Honegger ramasse les insectes sous les mauvaises herbes des champs aux alentours des réacteurs atomiques, et ce qu'elle y découvre, dans les mutations des petites créatures, est la description de notre propre espèce menacée en général.

Dans l'icône du Christ crucifié, nous avons un portrait de la victime dont l'opinion était réfutée de deux cotés: d'une part par la législation romaine objective et d'autre part par les élans passionnels des Juifs subjectifs. Dans l'icône de l'insecte de Cornelia Hesse-Honegger, ayant subi une mutation ou une mutilation, nous avons l'icône de la nature-victime dont l'opinion est négligée par les savants objectifs et les artistes subjectifs, car les deux catégories de spécialistes professionnels sont occupés ailleurs dans les laboratoires et les galeries de la société post-industrielle. Cornelia Hesse-Honegger avait décidé de devenir une artiste avec des idées ou des réalisations sur un mode beaucoup plus conventionnel, s'exprimant librement et n'engageant qu'elle-même, elle aurait été acceptée par les galeries et les musées ou par les éditeurs de livres d'art qui refusèrent le travail en question, car ce n'était pas vraiment de «l'art». Si elle s'était contentée de rester l'humble servante, illustratrice au service des scientifiques, elle aurait continué de jouir de l'appréciation de ses supérieurs.

Lors d'expositions récentes, les musées de New-York et de Berne ont montré les œuvres d'Andy Warhol célébrant l'automobile comme étant l'icône centrale de notre société industrielle épuisée. Il semble que nous soyons capables de trouver une place dans nos esprits, nos cœurs et nos musées pour l'iconographie de Warhol montrant le succès, les voitures de luxe et les stars de cinéma immortalisées sur copies Xérox et nous choisissons de porter un jugement de valeur selon le critère que les affaires représentent l'art suprême, comme d'écrire sur les murs, afin que tout le monde puisse le voir. Par contre l'iconographie de Cornelia Hesse-Honegger, représentant les victimes des progrès technologiques, n'étant ni de la science ni de l'art, est rejetée au rang des caricatures politiques de déviations féministes ou écologiques. Etrange que les professeurs qui se plaisent à donner tant d'importance à Heidegger et à la déconstruction de l'occident de Derrida ainsi qu'à sa «métaphysique de la présence», ne puissent voir que dans le portrait d'une mouche sans yeux, il y a une méditation sur le gène absent qui crée le monstre présent. Les images de mutations de Cornelia Hesse-Honegger sont en fait des présentations du «temps à l'horizon de l'existence», mais parce qu'elle a fait basculer notre horizon en direction du sol pour nous troubler et nous confronter avec les cris muets de créatures qui évoluent sous nos pieds, elle a récolté la censure à la fois des artistes et des scientifiques.

Les deux formes de critique passent à coté de l'essentiel. Si elle a effectivement tort quant aux conséquences des doses minimes de radiations sur les insectes et les plantes, ceci est beaucoup plus un effet de notre savoir culturel, comme les savants qui s'étaient trompés au sujet du D. D. T. et de la halidomide. Madame Curie était elle-même bien dans l'erreur quant aux effets du radium sur sa propre personne, mais elle ne fait pas moins partie de l'histoire des sciences. Madame Hesse-Honegger a peut-être tort de penser qu'un insecte peint à l'eau peut être esthétiquement aussi intéressant qu'une star de cinéma sur copie Xérox, mais dans notre société technologique, nous nous devons de réfléchir sur la science, et paradoxalement, la façon la plus objective et distancée de réfléchir sur la science est bien de se servir de l'art. Or si nous souhaitons utiliser l'art pour mener notre réflexion sur la science, nous trouverons peut-être dans l'intense peinture «telle-quelle» de ses insectes un réalisme esthétiquement troublant, précisément parce qu'il n'est ni horrible, ni naturel, mais il est ce que nous avons fait d'une nature dont nous pensions autrefois qu'elle nous était donnée.

[1] Voir A. N. Whitehead, «Science and the Modern World» (Signet, N.A.L., New-York, 1967); aussi, Werner Heisenberg, «The Representation of Nature in Contemporary Physics» dans «Symbolism in Religion and Literature», ed. Rollo May (Harper & Row, New-York, 1960), p.209. Pour une étude détaillée des relations de l'art et de la science dans l'évolution de la conscience pendant la Renaissance italienne, voir Jean Gebser, «Ursprung und Gegenwart» dans l'édition des œuvres complètes Vol 2 (Schaffhausen, Novalis Verlag, 1986).

[2] Noté dans J. Alain Hobson, «The Dreaming Brain» (Basic Books, New-York, 1988), pp.95-97.

[3] Voir Humberto Maturana et Francisco Varela, «The Tree of Knowledge; the Biological Roots of Human Knowledge» (Boston, New-Science Library, 1987), p.132.

Dr. phil. William I. Thompson est professeur des sciences humanistes et sociales, foudateur de «Lindisfarne Association» à New York City. Il a été nommé pour le prix international des Etats-Unis en 1972 et recevait en 1986 le prix de poésie au «International Festival» de Oslo. Il est auteur de 15 livres qui se rapportent à l'histoire de la civilisation. Il a publié un roman et de la poésie.

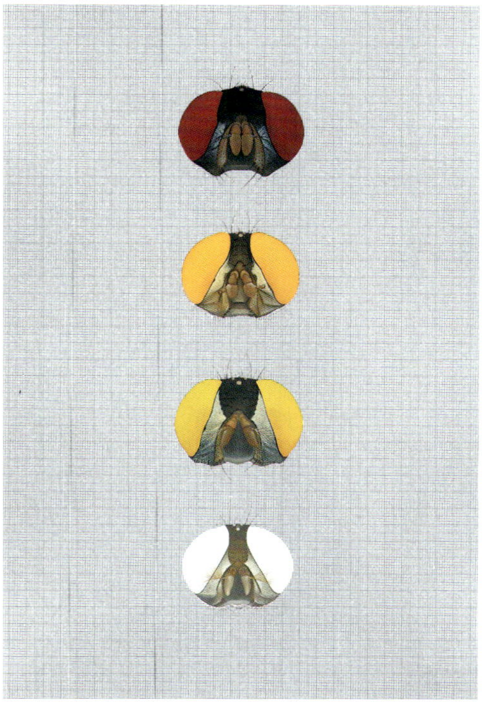

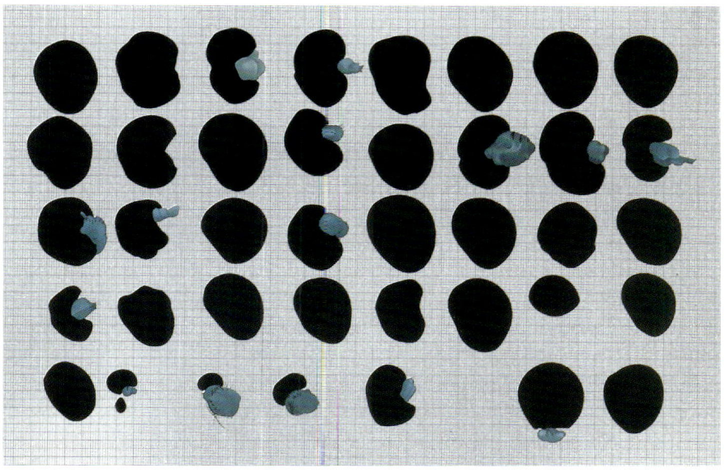

Laborfliege Drosophila melanogaster mutante «eye-optera»
Aquarell 1987, 40 × 50 cm
Die nach dem Zufallsprinzip «ausgewählten» Augen dieser im Labor mutierten Fliege sind verschieden geformt oder gar nicht vorhanden. Die grauen Auswüchse sind Teile von Flügeln, die aus den Augen wachsen.

Mosca da laboratorio Drosophila melanogaster mutante «eye-optera»
Acquarello 1987, 40 × 50 cm
Gli occhi di questa mosca mutata in laboratorio, «scelti» in base al principio di casualità, sono di forma diversa o completamente inesistenti. Le escrescenze grigie sono parti di ali che spuntano dagli occhi.

Mouche de laboratoire Drosophila melanogaster mutante «eye-optera»
Aquarelle 1987, 40 × 50 cm
Les yeux de cette mouche, qui a subi une mutation en laboratoire, sont «choisis» selon le principe aléatoire: ils sont de formes différentes ou n'existent tout simplement pas. Les excroissances grises sont des éléments d'ailes qui croissent de ses yeux.

Laboratory fly Drosophila melanogaster mutante 'eyeless'
Water color 1987, 40 × 50 cm
Randomly selected eyes of laboratory mutated flies are differently formed or not there at all. The gray growths are wing parts, growing out of the eyes.

Vier Köpfe der Laborstubenfliege
Aquarell 1986, 43,5 × 54,5 cm
Diese Fliegen haben Mutationen der Augenfarbe.
Von oben nach unten: «carmine», «yellow» (und «aristapedia»), «green» und «white».

Quattro teste della mosca domestica in laboratorio
Acquarello 1986, 43,5 × 54,5 cm
Queste mosche hanno subito una mutazione del colore degli occhi. Dall'alto verso il basso: «carmine», «yellow» (e «aristapedia»), «green» e «white».

Quatre têtes de mouches domestiques de laboratoire
Aquarelle 1986, 43,5 × 54,5 cm
Ces mouches ont subi une mutation de la couleur des yeux.
De haut en bas: «carmine», «yellow» (et «aristapedia»), «green» et «white».

Four heads of laboratory house flies
Water color 1986, 43,5 × 54,5 cm
These flies have mutated eye color. From top to bottom: carmine, yellow (and 'aristapedia'), green and white.

An introduction to
«What Am I Doing in Österfärnebo?»
by Cornelia Hesse-Honegger

by William Irwin Thompson

The controversial case of Cornelia Hesse-Honegger of Zurich is curious and especially interesting to Americans for many cultural reasons. The daughter of artistic parents, she set off on her own path that was not to be that of the graphic arts of her mother, Warja Lavater, or the monumental urban sculptures of her father, Gottfried Honegger; yet in "Warum bin ich in Österfärnebo?" she becomes as graphic as the work of her mother and as rational and technically precise as the work of her father, but does so in a fashion that takes the art for its own sake of her parents' generation and reorients it toward an expression of the eco-biological crisis of our time. The father's monumental art is sculpture in the service of the post-industrial city and the multinational corporate office building, and so for Gottfried Honegger his daughter's decision to paint bugs and obscure species of poisonous fish made her seem to be more of a scientific illustrator, a handmaiden to the scientist, than an artist in her own right.

Perhaps patriarchal Switzerland, where women only received the right to vote in the seventies, is not the easiest place for a young woman to develop a talent for perception at the edges of the inhabited world. The professors of natural science at the University of Zurich with whom Cornelia Hesse-Honegger worked, looked upon her as more of an assistant than a colleague. For the artists in the purer world of gallery abstractions and transactions, she was too realistic, and therefore not truly an artist. For the scientist, she was too artistic, and therefore not truly an objective scientist. Her orderly Swiss society was very clear and straightforward about the nature of values: science was objective, art was subjective. Art could serve to decorate the plazas in front of the aluminum and glass office towers and universities of the postindustrial world, or it could more humbly offer to serve to illustrate the more powerful descriptions of the natural world in the hard sciences.

Art and science, women and men, nature and culture: everything is in order as long as things stay in their proper places to shift from left to right in the increase of value. But when Hesse-Honegger moved out of her place to use her art as a means of scientific analysis and political description of the modern technical world, disorder broke out in Switzerland from the violated hierarchy of scientific master and artistic handmaiden. In analyzing the damaged insects in the underbrush inundated by the rainclouds of Chernobyl and daring to publish her studies in the public press, she outraged the industrial leaders of society and incensed the professors of entomology who claimed that her perceptions were no argument but merely assertions, and, of course, the assertions of an artist were not as real and as valuable as those of a professional scientist. The pages of Das Magazin (Zurich's equivalent of our New York Times Sunday Magazine) began to fill with letters of professorial refutation of Hesse-Honegger's suggestion that low-level radiation had already caused damaging mutations of the insects affected by their proximity to normally functioning nuclear reactors or by the rainclouds from the fallout of Chernobyl.

The case is indeed curious, for we Americans tend to think that Europeans are generally more highly educated than we are, and that they would recognize at once that these simplistic divisions of thought between scientist and artist, professional and amateur are historically false. Both Werner Heisenberg and A. N. Whitehead, in their essays on the history of science, have credited the artist with being the creator of the empirical method of the close examination of nature [1]. When one calls to mind the botanical drawings of Durer, the notebooks of Da Vinci, and the anatomical drawings of Vesalius, it is hard to see how such misconceptions about art could be current among the educated. But perhaps photography is at fault, for since its invention we do seem to expect instruments to be precise and artists to be impressionistically or expressionistically full of feelings and personally distorted perceptions. We seem to have progressed so far down this bureaucratic corridor that we now think that a nanosecond flutter on a meter in an atomic particle accelerator is an image of a real object, but that Hesse-Honegger's drawings are self-indulgent delusions. Curious.

At the time photography was beginning to take over our interpretation of the world (as now computers and information-processing language have taken over out descriptions of the brain) the father of modern neurobiology, S. Ramon y Cajal, insisted that all his students take lessons in watercolor painting:

If our study is concerned with an object related to anatomy or natural history, etc., observations will be accompanied by sketching, for, aside from other advantages, the act of depicting something disciplines and strengthens the attention, obliging us to cover the whole of the phenomenon studied and preventing, therefore, details from escaping our attention which are frequently unnoticed in ordinary observation. In the natural sciences we can only satisfy ourselves with knowing form or structure when we are able to delineate them easily and in detail. This is all the more true because many morphological studies are incomprehensible without drawings. The great Curvier had reason to affirm that without the art of drawing, natural history and anatomy would have been impossible. It is not without reason that all great observers are skillful in sketching [2].

Perhaps this insight concerning the scientific capacity of art and the artistic capacity of science comes from a Hispanic tradition that serves as a balance to the Lockeian empiricism of the English tradition, for the contemporary neuroscientists, Humberto Maturana and Francisco Varela, have continued to assert that perception is determined not so much by mimesis as autopoiesis [3]. In the Anglo-Saxon view the brain is an information-processing computer that produces an image that is the copy of an independently real outside world; since the copy of the object is never perfect, nature can always be improved by culture, for a computer can process information in greater quantities and at faster speeds than a mere mammalian brain. Some cognitive scientists, such as MIT's Massimo Piatelli-Palmarini, are now willing to assert that what we call "feeling" is also a computative function, and that when the neuronal basis of these judgments is better understood, the split between the cognitive and the affective will be overcome as the affective is absorbed into the quantitative and computational domain. At this point not only the split between the cognitive and the affective will be overcome, but also the split between the objective and subjective, between science and art. For the scientists at MIT's Media Lab or its artists at the Center for Advanced Visual Studies, computer generated art and Artificial Intelligence will be able to make such progress that canvases and watercolors will become quaint antiques to the side of things, like the embroidery of Victorian ladies in attendance to the empires of men. In such a condition of technological progress, "nature" will have been absorbed by culture. At that time our art, if we have need of such atavisms at all, will not be landscapes of an outer or inner world, but presentations of time. The ephemeral quark and the ephemeral performance of a work of art will not be categorically different, for the machines of science, the instruments of A. I., will be instruments of a Keatsian unheard music. The ultimate description of nature will have become the latest performance of culture, and we shall travel in endless loops of a mirroring Moebius strip in which our ideas of nature reflects our culture of ideas.

What the art of Cornelia Hesse-Honegger already presents us with is just such a world in which culture has swallowed nature. As a young artist in her twenties, she shifted her perceptions to the edge of the inhabited world to create hyper-realistic images of obscure species of poisonous fish, creatures that in the literalism of the artist's intense coloration surpassed the fantastic beasts of Yves Tanguy's imagination. From these wonderfully monstrous creations of nature she then shifted her attention to the new monsters being created in the laboratories of genetic research on fruitflies. In her paintings of mutations she has presented us with landscapes of time, an askew still life (natura morta) in which space has been reassembled by time and evolution shifted from natural selection to cultural management. The "world" thus becomes space under the domination of time; the wildly extended transfixed to a point, fixed to the point of this time, this scientific command of "now."

In the history of Western art, we have been habituated to see these images of pagan space transfixed by time in the act of the Crucifixion. The victim becomes the central icon of the impulse of the West to create a civilization in which mind dominated matter, male dominated female, and a Judeo-Christian God transcended a pagan, immanental nature. Here again, we can see how Whitehead was right and that the system of belief in the rational order of things in Christianity was indeed the forerunner to the rise of science.

The dead Christ in the arms of Mary is a portrait of the Victim; in Hesse-Honegger's iconography of time nature is the Victim. The eyeless fly, or the fly with rotated head, is transfixed to our instant, to our crossing out of space by time. This attention to the embroidered details of the little creatures in the web of life is obviously "woman's work", for just as the women at the foot of the cross recall the old matriarchal order of the enduring Great Mother and the time-bound, perishing male, so the woman working to the side as ancilla and illustrator to the great Herr Professor Doctor at the University of Zurich recalls the prehistoric role of woman as idle gatherer while the man more seriously hunts. At the margins of reality Hesse-Honegger gathers insects from under the weeds of the fields surrounding nuclear reactors and what she discovers there in the mutations of the little creatures is a description of our own endangered species at large.

In the icon of the crucified Christ we have a portrait of the Victim whose meaning was denied by both the laws of the objective Romans and the passions of the subjective Jews. In the icon of the mutated or mutilated insect of Hesse-Honegger we have the icon of nature as the victim whose meaning is overlooked by objective scientists and subjective artists, for both of these professional specialists are busy elsewhere in the laboratories and galleries of post-industrial society. Had Hesse-Honegger decided to become a conceptual or a performance artist in some more conventionally self-indulgent and self-expressive way, she might have been accepted by galleries and museums, or by the publishers of artbooks who declined the work in hand because it was not really "art." Had she been content to remain a humble handmaiden to scientists as an illustrator, she could have continued to enjoy the appreciation of her superiors.

During recent seasons the museums of New York and Berne have exhibited Andy Warhol's celebration of the automobile as the central icon of our exhausted industrial society. We seem to be able to find a place in our minds, hearts, and museums for Warhol's iconography of success, of expensive cars and xeroxed movie stars, and we choose to set his quotation that business is the greatest art as the handwriting on the wall for all to see. But Hesse-Honegger's iconography of the victims of technological progress, being neither science nor art, is dismissed as political caricatures of a Green and Feminist bias. Curious that the professors who like to make much of Heidegger and Derrida's deconstruction of the West and its "metaphysics of presence", cannot see that in the portrait of the eyeless fly is a meditation on the absent gene that creates the present monster. Hesse-Honegger's portraits of mutations are indeed presentations of "time as the horizon of being", but because she has tilted our horizon downward to confound us with the voiceless screams from creatures under our feet, she has earned the censure of artist and scientist alike.

Both forms of criticism miss the point. If she is factually "wrong" about the effect of "low level" doses of radiation on insects and plants, that is as much a process of our cultural learning as the scientists who were wrong about DDT or thalidomide. Madame Curie was also wrong about the effects of radium on her own life, but she remains part of the history of science. Hesse-Honegger may be wrong to think that a watercolored insect can be as aesthetically interesting as a xeroxed movie star, but in our technological society we have to think about science, and, paradoxically, the most truly objective and removed way to think about science is with art. So if we do wish to think with art about science, we may find in the intense "suchness" of her insects a realism that is aesthetically unsettling precisely because it is neither horrific nor natural, but is what we have made of a nature we once thought of as given.

[1] See A. N. Whitehead, Science and the Modern World (Signet, N.A.L., New York, 1967), also, Werner Heisenberg, "The Representation of Nature in Contemporary Physics" in "Symbolism in Religion and Literature", ed. Rollo May (Harper & Row, New York, 1960), p. 209.
For a detailed study of the relationships between art and science in the evolution of consciousness in the Italian Renaissance, see Jean Gebser's "Ursprung und Gegenwart" in the complete edition Vol. 2 (Schaffhausen, Novalis Verlag, 1986).

[2] As quoted in J. Alan Hobson's "The Dreaming Brain" (Basic Books, New York, 1988), pp. 95–97.

[3] See Humberto Maturana and Francisco Varela, "The Tree of Knowledge; the Biological Roots of Human Knowledge" (Boston, New Science Library, 1987), p. 132.

Dr. phil. William I. Thompson. Professor of the humanities and social sciences, founder of the "Lindisfarne Association" in New York City. Nominated for the International Book Award in the USA 1972 and in 1986, he received the Oslo International Poetry Festival Award. Autor of fifteen books including one historical study, a novel, poetry and cultural philosophy.

Gedanken über «Abbilder»

von Joan S. Davis

Eine Rolle der Kunst wird in ihrer Funktion als Vorbild gesehen: Sie stellt das dar, was wir nicht haben und gerne hätten, oder auch was wir nicht sind und gerne wären. Gerade umgekehrt steht es mit der Arbeit von Cornelia Hesse-Honegger. Hier haben wir Beispiele der Kunst in einer Rolle als Abbild... ein Abbild von dem, was wir haben... jedoch nicht wollen. Ihre Bilder konfrontieren uns mit unangenehmen Auswirkungen unseres Tuns. Wir sehen, was wir vergiften, verunstalten und zerstören. Zwar wissen wir alle, was wir gegen diese Entwicklung tun können, wir tun jedoch nichts. Eine Frage können wir hier nicht unterdrücken: Warum klafft unser Wissen und Handeln in bezug auf die Umweltzerstörung immer weiter auseinander?
Mag ein Grund darin liegen, dass vieles, was wir wissen, uns sehr unbequem ist? Es zu ignorieren scheint zumindest unsere Taktik, mit dem Wissen umzugehen, das wir nicht wissen wollen. Diese Taktik geben weder wir noch die Wissenschaft zu. Für die Wissenschaft steht ein solcher Umgang mit Wissen in direktem Konflikt mit ihrer Aufgabe, die Natur gewissenhaft wahrzunehmen, naturgetreu darzustellen. Aber wie ist es, wenn wir das, was wir wahrnehmen, nicht wahrhaben wollen? Ist unser Verdacht berechtigt, dass die Wissenschaft wenig intensiv das untersucht, was ihr, d. h. uns, nicht angenehm ist? Zum Beispiel die wirklichen Auswirkungen der Chemie, der Autoemission oder der niedrigen Strahlung aus Atomkraftwerken? Kennen Sie gute, offizielle Arbeiten darüber, wie ungeheuer stark die Chemie, die Autoabgase, die Radioaktivität auf uns, auf die Natur tatsächlich wirken, oder auch darüber, wie hoch die radioaktiven Emissionen in der Nähe von Atomkraftwerken sind und was sie verursachen? ...Kennen Sie überhaupt offizielle Arbeiten, die zugeben, dass wir vielleicht doch nicht genügend (... auch wenn für manche schon «zu viel») über die Auswirkungen wissen?
Wollen wir so etwas wissen? Sind wir auch bereit, die Konsequenzen zu ziehen, wenn wir all das wissen dürften, was uns und unsere Umwelt, unsere Nachwelt so gefährdet? Klar wollen wir nicht genau wissen. Die Wissenschaft auch nicht. Sie begnügt sich mit ein paar neuen Zahlenangaben und diskutiert darüber, ob die Änderungen gegenüber der vorhergehenden Untersuchung signifikant – oder doch nicht – sind. Z. B. beim Waldsterben. Wir lesen tagtäglich in der Zeitung: Es ist doch nicht alles so schlimm. Die Wissenschaft findet immer eine Erklärung dafür, warum etwas mehr oder weniger abweicht von dem, was sie sich als richtig, als normal vorstellt. Die Wissenschaft hat mit «neutralen» Zahlen zu tun. Zahlenmaterial lässt sich für «beide» Seiten benutzen... je nach Auswertung und Interpretation mag etwas feststellbar sein... oder doch nicht. Mag etwas gefährlich sein... oder doch nicht. Auf alle Fälle scheint Zahlenmaterial uns wenig zu bewegen. Anders ist es mit Bildmaterial: serbelnde Bäume, sterbende Fische oder mutierte Blätter und Fliegen lassen einen anderen Eindruck zurück. Es geht allerdings hier nicht nur um den Eindruck, sondern um die klaren Signale, dass etwas nicht stimmt. Signale, welche die Wissenschaft nur ungern wahrnimmt, da solche «Signale» manchmal erkennbar sind, bevor die Wissenschaft das Problem überhaupt erkannt hat... und längst bevor sie weiss, was messen. Bilder gelten trotzdem wenig für die Wissenschaft: es fehlt die vertraute Quantifizierbarkeit. Ferner wird es nicht geschätzt, dass Bilder betroffen machen. Die Wissenschaft will lediglich berechnen... mit ihren «neutralen» Zahlen.
Die Wissenschaft hält sich kühl, sie brüstet sich mit ihrer Objektivität und mit ihrer Neutralität. Zum Beweis der Objektivität sagen sie: «wenn ich es nicht gesehen hätte, hätte ich es gar nicht geglaubt». Jedoch die Geschichte der Wissenschaft zeigt eher: wenn sie es nicht schon geglaubt hätten, hätten sie es gar nicht gesehen. Und erst recht sehen sie es nicht, wenn sie es nicht glauben wollen.
Und zum Beweis des zweiten Punkts... der Neutralität liefert die Wissenschaft selber tagtäglich Zeugnis: allerdings ein Armutszeugnis... sie sammelt Daten über die Zerstörung... aber sie tut nichts, um all das in Bewegung zu bringen, was auf Grund ihrer Erkenntnisse in Bewegung gebracht werden muss.
Die Bilder von Cornelia Hesse-Honegger bringen uns in Bewegung: sie werfen die Schreckensfrage auf... was ist es, was wir mit unserer Umwelt machen... und dem zur Folge, sie mit uns? Die Bilder werfen auch die Frage auf... was ist es, was die Wissenschaft – von der Wirtschaft gar nicht zu reden – nicht wahr haben will. Nicht zuletzt werfen sie auch die Frage auf, warum diesen Fragen nicht nachgegangen wird... die vermutete Antwort mag noch erschreckender sein als die Bilder, da sie uns nicht nur erblicken lässt, wie es uns wirklich geht, sondern auch, was auf uns zukommen wird? – Mark Twain sagte: «Es ist immer falsch, zur falschen Zeit recht zu haben.» Aber die Geschichte sagt, nur durch solche Menschen wird die Geschichte gemacht. Mit ihren «Abbildern», mit ihrem genauen Beobachtungs- und Darstellungsvermögen zeigt Cornelia Hesse-Honegger das, was wir nicht wissen wollen... und macht Geschichte.

Prof. Dr. chem. Joan S. Davis, ETH (Eidg. Technische Hochschule) und Universität Zürich, ist Spezialistin für Gewässerschutz und aquatische Chemie, Vorstandsmitglied von nationalen und internationalen Umwelt- und Recource Management Organisationen.

Riflessioni sull'arte e le «immagini»

di Joan S. Davis

All'arte viene attribuito, fra le sue funzioni, il ruolo di modello: rappresenta cioè quello che non abbiamo e vorremmo avere e anche quello che non siamo e vorremmo essere. Per il lavoro di Cornelia Hesse-Honegger vale esattamente il contrario. L'autrice ci offre esempi di arte nel ruolo di raffigurazione: una raffigurazione di ciò che abbiamo e tuttavia non vorremmo avere. I suoi quadri ci mettono a confronto con le conseguenze spiacevoli delle nostre azioni. In essi vediamo ciò che intacchiamo, roviniamo e distruggiamo. Nonostante noi tutti sappiamo che cosa possiamo fare contro tale evoluzione, non facciamo niente. A questo proposito non possiamo reprimere la domanda: perchè, riguardo al degrado ambientale, le nostre azioni divergono sempre più dalla nostra conoscenza?
Potrebbe forse essere per il fatto che molto di quanto sappiamo ci dà estremamente fastidio? L'ignoranza sembra perlomeno essere la nostra tattica per gestire quel sapere che non vogliamo accettare. A questa tattica non rinunciamo, ne noi, ne la scienza. Per la scienza, questo tipo di rapporto con la conoscenza contrasta nettamente con il suo compito di osservare la natura rigorosamente e di rappresentarla fedelmente. Ma cosa succede se non vogliamo ammettere l'esistenza della nostra percezione, come ad esempio riguardo agli effetti reali della chimica, delle emissioni dei veicoli a motore, o delle deboli radiazioni delle centrali atomiche? Siete forse a conoscenza di studi ufficiali, validi, sulla gravità degli effetti che la chimica, i gas di scarico, la radioattività hanno realmente su di noi e sulla natura? Oppure di studi sull'intensità delle emissioni radioattive in prossimità di centrali atomiche? Siete forse a conoscenza dell'esistenza di un lavoro ufficiale dove si ammette che le nostre conoscenze in tale ambito potrebbero essere insufficienti (anche se secondo taluni sappiamo «sin troppo»)? Vogliamo proprio saperne di più? Siamo anche pronti a trarre le conseguenze, se solo ci fosse consentito di sapere tutto ciò che minaccia il nostro ambiente, immediatamente o a lungo termine? E' chiaro che non vogliamo saperlo. E non lo vuole nemmeno la scienza che si accontenta di fornire un paio di nuovi dati numerici e di discutere se i cambiamenti rispetto alla ricerca effettuata siano significativi, come ad esempio nel caso della moria dei boschi. Leggiamo ogni giorno nei giornali: non va poi tutto così male. La scienza trova sempre una spiegazione per i fenomeni che, secondo i suoi stessi schemi, non sono giusti o normali. La scienza si occupa di cifre «neutre». I numeri possono essere usati in «entrambi» i sensi... secondo l'interpretazione e la valutazione si possono fare delle constatazioni o... non farle. Analogamente alcuni fenomeni possono essere ritenuti pericolosi... o innocui. Comunque sia, le cifre non sembrano colpirci molto. Lo stesso non vale però per le immagini: alberi appassiti, pesci moribondi o foglie e mosche che hanno subito mutazioni ci impressionano. In questi casi non si tratta soltanto di un'impressione, bensì di un chiaro segnale che qualcosa non va. E sono questi i segnali che la scienza prende in esame malvolentieri in quanto in alcuni casi sono proprio tali «segnali» a manifestarsi prima ancora che il problema sia stato riconosciuto a livello scientifico e di gran lunga prima che si possa procedere ad una qualsiasi misurazione. Le immagini hanno tuttavia poco valore per la scienza: manca la familiare quantificabilità. Inoltre non si considera che le immagini colpiscono. La scienza vuole limitarsi a contare... con le sue cifre «neutre».
La scienza non si scompone e si vanta della sua obiettività e neutralità. A prova dell'obiettività dicono: «Se non l'avessi visto non vi avrei creduto.» Ma la storia della scienza dimostra piuttosto che se non vi avessero creduto non avrebbero neanche visto. Ed è proprio quando non vogliono credere che non vedono.
Ed a prova del secondo punto... la scienza fornisce giorno dopo giorno prove di neutralità: per lo meno una prova di povertà... raccoglie dati sulla distruzione... ma non fa niente per smuovere ciò che, sulla base delle sue conoscenze, andrebbe smosso.
Le immagini di Cornelia Hesse-Honegger smuovono qualcosa dentro di noi: sollevano l'orribile domanda... cosa stiamo facendo del nostro ambiente e, di conseguenza, cosa farà lui di noi? Di fronte alle sue opere ci chiediamo inoltre: che cos'è che la scienza – senza poi parlare dell'economia – non vuole accettare? Non da ultimo ci fanno riflettere sul perchè tali domande non hanno ancora avuto un seguito... forse la possibile risposta potrebbe essere ancora più terribile delle immagini, in quanto non si limiterebbe a farci capire come stiamo realmente, bensì anche quello che ci aspetta?
Mark Twain ha detto: «E' sempre sbagliato avere ragione al momento sbagliato.» Ma la storia dice che è grazie a gente simile che si fa la storia. Con le sue «raffigurazioni», con la sua rigorosa capacità di osservazione e rappresentazione, Cornelia Hesse-Honegger ci mostra quello che non vogliamo sapere... e fa storia.

Prof. Dott. chim. Joan S. Davis, ETH (Politecnico Federale) e Università di Zurigo, esperta in protezione e gestione delle acque, fa parte del consiglio di varie organizzazioni nazionali ed internazionali per l'ambiente.

Réflexions à propos d'«Images»

par Joan S. Davis

Le rôle de l'art est considéré dans sa fonction de modèle. Il représente ce que nous n'avons pas et que nous aimerions avoir, ou bien ce que nous ne sommes pas et que nous aimerions être. C'est exactement le contraire pour ce qui est le travail de Cornelia Hesse-Honegger. Elle nous présente en effet des exemples d'art remplissant une fonction d'image: une image de ce que nous avons, mais que nous ne voulons pas. Ses tableaux nous confrontent avec certaines conséquences désagréables de notre façon d'agir. Nous voyons ce que nous empoisonnons, ce que nous défigurons, ce que nous détruisons. Il est vrai que nous savons tous ce qui pourrait être entrepris contre une pareille évolution, mais nous ne faisons rien. Une question ne peut pas être évitée: Pourquoi notre manière d'agir s'écarte-t-elle toujours davantage de ce que nous savons lorsqu'il s'agit de la destruction de l'environnement?

Une raison en serait-elle qu'une grande partie de nos connaissances est très inconfortable? Il semblerait que nous employions une tactique consistant à refuser, à contourner ce savoir que nous voulons ignorer. Cette tactique, nous ne la reconnaissons pas, et la science ne la reconnaît pas non plus. Pour la science, une telle façon de court-circuiter la connaissance est en contradiction totale avec son devoir d'observation consciencieuse et de représentation fidèle de la nature. Mais qu'en est-il lorsque nous ne voulons accepter ce que nous observons? Notre soupçon, selon lequel la science recherche avec moins d'application dans les domaines qui lui, c'est-à-dire qui nous, sont désagréables? Par exemple, les effets réels de la chimie, des émissions de gaz automobile ou des radiations de faible niveau provenant des centrales nucléaires? Connaissons-nous de bons travaux officiels sur la force considérable des répercussions de la chimie, des gaz automobiles, de la radioactivité sur nous et sur la nature, ou bien sur l'ampleur réelle et sur les effets des émissions radioactives à proximité des centrales nucléaires? Mais connaissez-vous un seul travail officiel, qui reconnaisse que nous n'en savons peut-être quand même pas assez (même si, de l'avis de certains, c'en est déjà trop) sur ces effets?

Voulons-nous réellement être informés? Et serions-nous prêts à tirer les conséquences de notre savoir, si nous pouvions apprendre tout ce qui met en danger notre existence, notre environnement, notre postérité? Il est évident que nous ne refusons pas trop de détails. Et la science en fait autant. Elle se satisfait de quelques nouveaux chiffres et débat de l'importance que revêtent, ou que ne revêtent pas, les modifications par rapport à ses dernières analyses. Un exemple est la mort des forêts. Nous lisons chaque jour dans les journaux que la situation n'est pas tout de même si grave. La science trouve toujours une explication pour les déviations observées par rapport aux valeurs qu'elle établit comme correctes ou normales. La science travaille avec des chiffres «neutres». Or les données numériques peuvent être utilisés par les «deux» côtés... Suivant l'estimation et l'interprétation... ils permettent... ou bien ne permettent justement pas... de démontrer quelque chose. En tout cas, les chiffres semblent avoir peu d'impact sur nous. Les images exercent sur nous un autre effet: la vue de la décomposition des arbres, de la mort des poissons ou de la mutation des feuilles et des mouches laissent une impression différente. Il ne s'agit pas, par ailleurs, d'une impression mais de signaux très clairs indiquant que quelque chose ne fonctionne pas. Des signaux, que la science a de la peine à accepter, car ces «signaux» sont parfois reconnaissables avant que la science n'ait encore réussi à identifier le problème... et bien avant qu'elle ne sache ce qu'il faut mesurer. Les images ont néanmoins peu de valeur aux yeux de la science: il leur manque la quantitativité bien connue. En outre, on n'apprécie pas que les images puissent rendre concerné. La science veut uniquement calculer... avec ses chiffres «neutres».

La science demeure froide, elle se targue de son objectivité et de sa neutralité. Pour preuve d'objectivité elle affirme: «Si je ne l'avais pas vu, je n'y aurais pas cru.» L'histoire de la science démontre cependant plutôt que: s'ils n'y avaient pas tout d'abord cru, ils ne l'auraient même pas vu. Et effectivement, on ne voit strictement rien, si on ne veut pas y croire.

Et en guise de démonstration du deuxième argument... la science rend elle-même chaque jour un témoignage à la neutralité: un témoignage bien pauvre, à dire vrai... elle rassemble des données sur la destruction... mais elle ne fait rien pour mettre en œuvre tout ce qui, sur la base de ses découvertes, devrait être mis en œuvre.

Les tableaux de Cornelia Hesse-Honegger nous font bouger: ils posent cette question épouvantable... que faisons-nous de notre environnement... et, conséquemment, que fait-il de nous? Les tableaux soulèvent également la question... de ce que la science – sans même parler de l'économie – ne veut pas consciemment assumer. Et en dernier lieu, mais sans pour autant que ce soit là le point le moins important, ils demandent pourquoi on ne cherche pas à répondre à ces questions... Est-il possible que la réponse présumée soit encore plus effrayante que les tableaux, ces derniers ne nous laissant pas seulement entrevoir notre état actuel véridique, mais également ce qui nous attend?

Mark Twain a affirmé qu'«il est toujours faux d'avoir raison au mauvais moment». Mais l'histoire nous enseigne que seuls de tels personnages construisent effectivement l'histoire. Cornelia Hesse-Honegger nous montre par ses «Images», par ses capacités aiguës d'observation et de représentation, ce que nous nous refusons à savoir... et elle fait de l'histoire.

Prof. Dr. chem. Joan S. Davis, EPF (Ecole polytechnique fédérale) et Université de Zürich, spécialiste de la protection des eaux et des ressources en eau, membre du conseil d'administration de nombreuses organisations nationales et internationales dans le secteur de l'environnement.

Thoughts on "Images"

by Dr. Joan S. Davis

One role of art is the portrayal of an ideal: it shows what we do not have and would like to have, or what we are not and would like to be. However, with the works of Cornelia Hesse-Honegger we have the opposite case. Here we have examples of art in its role of an image: Images which reflect that which we actually have – but don't want. Her pictures confront us with the unintended and unwanted side-effects of our activites. We are forced to see what we poison, mutate and destroy. We are appalled. We say such an impact simply shouldn't be. On the other hand, we also know what we could do to prevent it. And still we do nothing. We are faced with the awkward question, why the gap between knowledge of environmental destruction and taking action against it continues to grow.

Might one reason be, that much of what we know makes us uncomfortable? "Ignore it" seems to be the tactic we – and science – use for dealing with that which we don't want to know. However, neither we nor science admit that this is really our approach. For us, this tactic may be an understable, though unwise protective mechanism, but for science, dealing with knowledge in this manner is in direct conflict with its function of observing nature conscientiously and depicting it truthfully. What is it really, that science does, when it observes something it doesn't really want to accept? Is our suspicion correct that science deals with such topics superficially? Or is it seriously looking at the many effects of, for example, synthetic chemicals or low-level radioactivity? And if it is, is this information being made public? Are you familiar with any good, official publications about the effects of these toxic substances upon us? Or in fact, do you know any official publications at all, which admit that there could be negative effects?

Do we really want to know about such things? And are we ready to take the necessary consequences if and when we are finally allowed to find out what is so dangerous to our environment, to us, to future generations? No, we don't want to know, it's too uncomfortable for us. And that means science doesn't want to know either, since science essentially reflects society. It instead chooses to ponder its data and to discuss about whether any changes since the last investigation are really significant – or not. Studies of the dying forests often reveal such an ambiguous approach. This results in the kind of information which filters through to us in the daily newspaper: that things aren't really so bad. If desirable, science always has an explanation for deviations from that which it considers normal.

Science doesn't want to run any risk of rejection. Thus its emphasis upon "neutral" numbers. Staying with numbers is safe: Numbers can be used by "both" sides. Depending on the evaluation and interpretation one might reach the conclusion that there is a problem; or perhaps not. Maybe low-level radiation is indeed playing havoc with life; or perhaps not. In any case, numbers alone don't seem to move us. It is different with pictures: withering trees and dying fish, or mutated leaves and flies leave behind a different impression. But it's not just a general impression we are talking about. It is a loud and clear signal that something is desperately wrong. These are signals that scientists don't want to notice, since they are still saying there is nothing wrong, and further that there is no reason for anything to be wrong. However pictures defy the standpoint of science. Pictures record changes before science knows what to look for, and long before it knows what to measure. But in spite of such an "early warning" function, science doesn't care for pictures: they can't be quantified. And the fact that they can emotionally move the observer is another point against them. Science prefers objectivity. It feels safer with numbers.

Science remains aloof. It prides itself with its objectivity and its neutrality. As proof of its objectivity it claims: "If I hadn't seen it, I wouldn't have believed it." The history of science shows however that the converse of the statement is more the real case: "If I hadn't believed it, I wouldn't have seen it." And when they don't even want to believe what is really going on, the chances are even lower of recognizing the signals.

As proof of the second point, that is its neutrality, science itself furnishes evidence of this daily, albeit evidence which is inadvertently a self accusation: Science collects "neutral" data about the destruction of all around us, but does nothing to help motivate people to do all that which needs to be done about it.

But Cornelia Hesse-Honegger's pictures do move us. Through them we recognize that something is very wrong. They provoke alarming questions: What are we doing with our environment – and, hence, it with us? What is it that science – not to speak of the economy, or society in general – doesn't want to realize, much less admit? Last but not least they raise the point why these questions aren't openly asked. The presumed answer is more alarming than the pictures themselves: we are not supposed to see what is really happening... much less to see what is still to come, as a result of what we continue to do to the world around us. For if we really understood what is happening to all of us, we could well be so moved, so appalled, that we would indeed do something. And this would have consequences for all involved with the poisoning, the mutating, the destroying...

Mark Twain said: "It's always wrong to be right at the wrong time." But history tells us that only such people make history. With her "images" and with her ability to accurately observe and record, Cornelia Hesse-Honegger shows us what we don't want to know – and makes history.

Prof. Dr. chem. Joan S. Davis, ETH (Federal Institute of Technology) and University of Zurich, specialist for water protection and water resources, board member of various national and international environmental organisations.

Nach Tschernobyl

Dopo Cernobil

Après Tchernobyl

After Chernobyl

Nach Tschernobyl 1987/88

Nach dem Unfall von Tschernobyl, im April 1986, fragte ich mich, wie weit der radioaktive fall-out, der Europa verseucht hatte, Insekten mutiert haben könnte. Also untersuchte ich in Mittelschweden und der Südschweiz Blattwanzen und Zikaden. Die nie zuvor gesehenen Schäden an Körper, Flügeln, Fühlern und Beinen machten betroffen. Aus dem Mendrisiotto brachte ich zwei Paare der Drosophila melanogaster nach Hause und stellte Zuchtversuche an, um das Wachstum der nächsten Generationen zu beobachten. Die Fliege, die auf der ganzen Welt in den Labors der Universitätsinstitute für genetische Studien benutzt und oft mit Röntgenstrahlen oder Gift mutiert wird, zeigte bereits in der ersten Generation markante Schäden: Gewellte Flügel, verschobene Segmente am Hinterleib, ungleichgrosse, rote Augen und verbogene Borsten.

Schweden 1987

I Zwei Köpfe der Sichelwanze aus Gysinge, Schweden
Aquarell 1987, 21 × 29,7 cm
Oben der Kopf einer Wanze mit «wurstförmig» verkürzten Fühlern und schwarzem Auswuchs auf dem rechten Auge. Der Kopf darunter ist gesund.

Tessin 1987

II Gezüchtete «Drosophila melanogaster» aus Rancate, Tessin
Aquarell 1987, 21 × 29,7 cm
Die Fliege hat einen «verklumpten» Flügel. Der rechte, normale Flügel streckt sich über den Hinterleib.

Deformation auch im Umfeld schweizerischer Atomkraftwerke 1988 – 91

Die Wissenschaft hält künstliche Radioaktivität in niederen Dosen für harmlos. Trotzdem interessierte ich mich für Blattwanzen und Zikaden in der nahen Umgebung der Schweizer Atomkraftwerke und des Paul Scherrer Instituts (Reaktorforschung) in Villigen. In der Hauptwindrichtung, in unmittelbarer Nähe, fand sich eine erschreckende Anzahl furchtbar deformierter Wanzen. Die folgenden Bilder zeigen unterschiedlichste Verwachsungen: Ungleichlange Flügel und unregelmässige Flecken; verbogene, gewellte oder aufgeblasene Flügel. Auswüchse auf den Augen, Blasen und amorphe Formen am Halsschild schockieren. An der ETH Zürich wird dieses Thema derzeit wissenschaftlich bearbeitet.

III Feuerwanze aus Brugg
Aquarell 1990, 29,7 × 42 cm
Eine gesunde Feuerwanze.

IV Feuerwanze aus Brugg
Aquarell 1990, 29,7 × 42 cm
Der linke Flügel kurz und verbogen ohne Flecken. Der rechte Flügel hat zwar Flecken, aber nicht in der gewohnten Form.

V Feuerwanze aus Bernau
Leg. Johannes Jenny, Entomologisches Institut der ETH Zürich
Aquarell 1990, 29,7 × 42 cm
Zwei Beine auf der linken Seite hell und verbogen.
Der Chitinpanzer, Aussenskelett der Insekten, ist hier weich anstatt hart und stabil.

VI Kopf einer Weichwanzenlarve aus Schönenwerd
Aquarell 1988/89, 21 × 29,7 cm
Die Facetten auf dem linken Auge unregelmässig und mit Auswuchs in der Farbe des Auges.

VII Glasflügelwanze aus Würenlingen
Aquarell 1989/90, 29,7 × 42 cm
Der linke Deckflügel ist kurz und ballonförmig. Der sonst flach darunterliegende transparente Flügel gewellt und bräunlich.

VIII Zwei Sichelwanzen aus dem Areal des Paul Scherrer Instituts, Villigen
Leg. Johannes Jenny, Entomologisches Institut der ETH Zürich
Aquarell 1990/91, 29,7 × 42 cm
Linke Wanze, zu kurzer rechter Flügel. Die rechte Wanze hat nicht nur geschädigte Flügel, sondern einen völlig verschobenen und verunstalteten Halsschild.

IX Baumwanze aus dem Areal des Paul Scherrer Instituts, Villigen
Leg. Johannes Jenny, Entomologisches Institut der ETH Zürich
Aquarell 1991, 29,7 × 42 cm
Halsschild, rechte Seite ohne Spitze.

Tschernobyl

Auf verschiedenste Weise geschädigt waren die Wanzen, die ich im Sommer 1990 in der Umgebung des Unglücksreaktors von Tschernobyl gefunden habe: Die ersten drei Bilder zeigen Wanzen aus der Bezirkshauptstadt Polesskoje, westlich der 30-Kilometer-Zone. Fühlerglieder fehlen, und Flügel sind verkrumpelt. Die grüne Weichwanze fand ich in der verlassenen Stadt Pripjat. Eines der mittleren Beine ist gewellt und zu kurz gewachsen. Am Ende des Beines sind statt des Fusses lediglich Krallen zu sehen. Ein Teil der roten Feuerwanzen, vom Südportal der 30-Kilometer-Zone, «Check Point Charlie» genannt, brachte ich lebend nach Hause. Der sonst stabile, dunkle Panzer ist weich und hell. Eindrücklich deformiert sind auch die schmalen ungleichlangen Flügel und der unförmige Halsschild.

X Lederwanze aus Polesskoje
Aquarell 1990, 29,7 × 42 cm
Normaler Körper und Flügel, aber dem linken Fühler fehlt ein Glied.

XI Lederwanze aus Polesskoje
Aquarell 1990, 29,7 × 42 cm
Flügel verbogen, verkrumpelt und zu hell in der Farbe.

XII Feuerwanzenlarve aus Polesskoje
Aquarell 1990, 29,7 × 42 cm
Der Körper wirkt gesund, jedoch fehlt dem linken Fühler ein Glied, und die Länge der beiden Fühlerglieder ist neu.

XIII Weichwanze aus Pripjat
Aquarell 1990, 24 × 34 cm
Mittleres Bein gewellt, kurz und ohne Fuss, nur mit Zehen am Ende des Beines.

XIV Feuerwanze aus der Nähe «Check Point Charlie»
Aquarell 1990, 29,7 × 42 cm
Die linke Seite des Halsschilds ist unförmig. Betroffen ist auch der schwarze Fleck, der rechts und links symmetrisch geformt sein sollte.

XV Feuerwanze aus der Nähe «Check Point Charlie»
Aquarell 1990, 29,7 × 42 cm
Die Flügel, ungleich lang und zu schmal, können den weichen, verletzbaren Körper nicht decken.

Sellafield Grossbritannien, Three Mile Island und Peach Bottom Plant USA

1989 reiste ich nach Sellafield, «Grossbritannien». 1957 ereignete sich dort der erste Reaktorunfall, weitere Störfälle folgten. Auch in der unmittelbaren Nähe des Werkes fand ich Insekten mit schwarzen Punkten und Löchern im Panzer, gewellten Flügeln und deformierten Beinen. Im Sommer 1991 im Unfallgebiet des Atomkraftwerkes Three Mile Island ein ähnliches Bild: Wanzen mit verkrüppelten Beinen, Füssen und Fühlern, schwarzen Punkten und Löchern im Panzer.
Auf schrecklichste Weise waren auch die Wanzen im nahen Umfeld von Peach Bottom Plant geschädigt, entstellt durch Auswüchse und verschobene Segmente.

XVI Zikadenkopf aus Ponsonby, Nähe Sellafield Grossbritannien
Aquarell 1989, 29,7 × 42 cm
Durch den verbogenen Halsschild entsteht ein Loch.

XVII Marienkäfer aus der Nähe von Three Mile Island, USA
Aquarell 1991, 29,7 × 42 cm
Ein schwarzer Auswuchs erhebt sich über der Delle, die den Flügel verunstaltet.

XVIII Gespensterwanze aus der Nähe von Peach Bottom Plant, USA
Aquarell 1991, 29,7 × 42 cm
Die fünf Segmente auf jeder Bauchseite sind ungleich geformt und asymmetrisch verschoben.

Dopo Cernobil 1987/88

Dopo l'incidente di Cernobil, nell'aprile del 1986, mi sono chiesta in che misura la fuga radioattiva che aveva colpito l'Europa avesse potuto determinare mutazioni di insetti. Ho pertanto esaminato miridi e cicale nella Svezia centrale e nel Sud della Svizzera. Fui colpita da danni, mai visti prima, al corpo, alle ali, alle antenne e alle zampe.
Nel Mendrisiotto ho preso anche due paia di mosche «Drosophila melanogaster» per osservarne in seguito, a casa, l'evoluzione delle generazione successive. Questa mosca, utilizzata in tutto il mondo nei laboratori degli istituti universitari per studi di genetica e spesso mutata mediante radiazioni X o veleni, mostrava già nella prima generazione danni evidenti: ali ondulate, segmenti spostati nell'addome, occhi rossi di dimensioni diverse, sete piegate.

Svezia 1987

I Due teste della Nabidae, Gysinge, Svezia
Acquarello 1987, 21 × 29,7 cm.
In alto la testa di una cimice con antenne accorciate «a salsiccia» ed un'escrescenza nera sull'occhio destro.
La testa sotto é sana.

Ticino 1987

II Drosophila melanogaster» coltivata, Rancate, Ticino
Acquarello 1987, 21 × 29,7 cm
La mosca ha un'ala «storpia». L'ala destra, normale, si estende sull'addome.

Deformazioni anche attorno alle centrali atomiche svizzere 1988 – 91

Secondo la scienza, le emissioni radioattive a piccole dosi sono innocue. Ciononostante mi sono interessata anche alle cimici e le cicale in prossimità delle centrali atomiche svizzere e dell'istituto Paul Scherrer (ricerca sui reattori) a Villigen.
Seguendo la direzione dei venti principali che soffiano sulla zona ho trovato, nelle immediate vicinanze, un numero pauroso di cimici orribilmente deformate. I quadri mostrano le più svariate deformazioni: ali di lunghezza diversa e macchie irregolari; ali piegate, ondulate o rigonfie. Sono scioccanti le escrescenze sugli occhi, le bolle e le forme amorfe sul protorace. Il tema è attualmente oggetto di studio al Politecnico Federale di Zurigo.

III Pyrrhocoris apterus, Brugg
Acquarello 1990, 29,7 x 42 cm
Un Pyrrhocoris apterus sano.

IV Pyrrhocoris apterus, Brugg
Acquarello 1990, 29,7 x 42 cm
L'ala sinistra è corta, piegata e senza macchie. Quella destra, macchiato, non ha la forma abituale.

V Pyrrhocoris apterus, Bernau
Did: Johannes Jenny, Istituto di entomologia del Politecnico Federale di Zurigo
Acquarello 1990, 29,7 × 42 cm
Due zampe a sinistra sono chiare e piegate. La corazza di chitina, l'esoscheletro dell'insetto, è in questo caso morbida invece che dura e rigida.

VI Testa di una larva di Miridae, Schönenwerd
Acquarello 1988/89, 21 × 29,7 cm
Le faccette che compongono l'occhio sinistro sono irregolari e presentano una colorazione eccessiva.

VII Rhopalidae, Würenlingen
Acquarello 1989/90, 29,7 × 42 cm
L'ala anteriore sinistra è corta e rotonda. L'ala inferiore, solitamente trasparente e piatta, è ondulata e brunastra.

VIII Due Nabidi, dintorni dell'Istituto Paul Scherrer, Villigen
Did: Johannes Jenny, Istituto di entomologia del Politecnico Federale Zurigo
Acquarello 1990/91, 29,7 × 42 cm
La cimice a sinistra ha l'ala destra troppo corta. La cimice a destra ha non solo ali danneggiate, bensì anche un protorace completamente spostato e deformato.

IX Pentatomidae, dintorni dell'Istituto Paul Scherrer, Villigen
Did: Johannes Jenny, Istituto di entomologia del Politecnico Federale Zurigo
Acquarello 1991, 29,7 × 42 cm
Protorace, parte destra senza punta.

Cernobil

Le cimici che ho trovato nell'estate 1990 attorno al reattore di Cernobil avevano subito diversi danni: i primi tre quadri mostrano cimici provenienti dalla capitale della zona Polesskoje, ad ovest della zona definita dal raggio di 30 chilometri. Mancano segmenti di antenne e le ali sono storpie.
La miridae verde, l'ho trovata nella città abbandonata di Pripjat. Una delle zampe medie è gonfia e non è cresciuta abbastanza. All'estremità, invece del tarso si possono osservare soltanto delle unghie.
Ho portato a casa, vivi, una parte di Pyrrhocoris apterus, catturati 30 chilometri a sud del luogo dell'incidente (Check Point Charlie). La corazza, solitamente rigida e scura, è chiara e morbida. Sono anche deformati in modo impressionante le ali sottili e di lunghezza diversa e il protorace informe.

X Coreidae, Polesskoje
Acquarello 1990, 29,7 × 42 cm
Il corpo e le ali sono normali, ma all'antenna sinistra manca un segmento.

XI Coreidae, Polesskoje
Acquarello 1990, 29,7 × 42 cm
Ala piegata, storpia e di colore troppo chiaro.

XII Larva di Pyrrhocoris apterus, Polesskoje
Acquarello 1990, 29,7 × 42 cm
Il corpo sembra sano. Tuttavia all'antenna sinistra manca un segmento e la lunghezza di entrambi i segmenti è inabituale.

XIII Miridae, Pripjat
Acquarello 1990, 29,7 × 42 cm
Gamba media ondulata, gonfia e senza tarso, soltanto con «spicchi» alle estremità.

XIV Pyrrhocoris apterus, dintorni di «Check Point Charlie»
Acquarello 1990, 29,7 × 42 cm
La parte sinistra del protorace è informe. E' anomala anche la macchia nera, che a destra e a sinistra dovrebbe essere simmetrica.

XV Pyrrhocoris apterus, dintorni di «Check Point Charlie»
Acquarello 1990, 29,7 × 42 cm
Le ali, di lunghezza diversa e troppo sottili, non riescono a coprire il corpo morbido e vulnerabile.

Sellafield Gran Bretagna, Three Mile Island e Peach Bottom Plant USA

Nel 1989 mi sono recata a Sellafield, dove, nel 1957, ebbe luogo il primo incidente ad un reattore, cui ne seguirono altri. Anche in prossimità della centrale ho trovato insetti con buchi neri sulla corazza, ali ondulate e zampe deformate.
Nell'estate 1991 nella regione dell'incidente della centrale atomica Three Mile Island un'immagine analoga: cimici con zampe, tarsi e antenne ricurvi, punti neri sulla corazza.
Erano pure orribilmente danneggiate le cimici in prossimità di Peach Bottom Plant, deformate da escrescenze e segmenti spostati.

XVI Testa di cicala, Ponsonby, vicinanze di Sellafield, Gran Bretagna
Acquarello 1989, 29,7 × 42 cm
Dal protorace ricurvo risulta una cavità.

XVII Coccinella, dintorni di Three Mile Island, USA
Acquarello 1991, 29,7 × 42 cm
Dall'infossatura che deforma l'ala spunta un'escrescenza nera.

XVIII Phymatidae, vicinanze di Peach Bottom Plant, USA
Acquarello 1991, 29,7 × 42 cm
I cinque segmenti su ogni parte dell'addome sono di forma diversa e spostati in modo asimmetrico.

Après Tchernobyl 1987/88

Après l'accident de Tchernobyl, en avril 1986, je me suis demandé en quelle mesure les déchets radioactifs qui avaient pollué l'Europe pouvaient avoir fait subir des mutations aux insectes. J'ai commencé des recherches sur les punaises et les cigales en Suède centrale et dans le sud de la Suisse. Les dommages, inconnus jusqu'alors, que j'ai constatés sur le corps, les ailes, les antennes et les pattes de ces insectes m'ont rendue concernée.
J'ai également ramené du Mendrisiotto deux couples de la mouche «Drosophila melanogaster» et j'ai tenté de les élever, afin d'observer la croissance des générations suivantes. Cette mouche est utilisée dans les laboratoires des instituts universitaires du monde entier dans le cadre d'études génétiques et elle est souvent soumise à des mutations dues aux rayons X ou à des substances toxiques. La génération immédiatement postérieure révélait déjà des dommages prononcés: ondulation des ailes, déplacement de segments de l'arrière-train, rouges et dimensions différentes des yeux, et déformation des soies.

Suède 1987

I Deux têtes de tigres provenant de Gysinge, Suède
Aquarelle 1987, 21 × 29,7 cm
En haut, la tête d'une punaise-tigre avec des antennes raccourcies «en saucisse» et une excroissance noire sur l'œil droit. En dessous, la tête est saine.

Tessin 1987

II Drosophila melanogaster» d'élevage, provenant de Rancate, Tessin
Aquarelle 1987, 21 × 29,7 cm
La mouche a une aile «en grumeau». L'aile droite, normale, s'étend sur l'arrière-train.

Malformations observées également à proximité des centrales nucléaires suisses 1988 – 91

La science considère la radioactivité artificielle, à des doses peu élevées, comme ne présentant aucun danger. Je me suis intéressée aux punaises et aux cigales à proximité des centrales nucléaires suisses et de l'Institut Paul Scherrer (recherche en réacteurs) à Villigen.
En suivant la direction principale du vent, aux alentours immédiats, j'ai trouvé une quantité effrayante de punaises épouvantablement déformées. Les images illustrent les difformités les plus diverses: longueur inégale des ailes et irrégularité des taches; déformation, ondulation et gonflement des ailes. Les excroissances sur les yeux, les cloques et les formes amorphes du bouclier cervical sont des visions choquantes. Ce sujet est actuellement étudié scientifiquement à l'EPF de Zurich.

III Punaise de feu de Brugg
Aquarelle 1990, 29,7 × 42 cm
Une punaise de feu en bonne santé.

IV Punaise de feu de Brugg
Aquarelle 1990, 29,7 × 42 cm
L'aile gauche est courte et pliée, et les taches manquent. L'aile droite a des taches, mais leur forme est anormale.

V Punaise de feu provenant de Bernau
Don. Johannes Jenny, Institut d'entomologie de l'EPF de Zurich
Aquarelle 1990, 29,7 × 42 cm
A gauche, deux pattes sont claires et pliées. La chitine, le squelette extérieur de l'insecte, est ici molle au lieu d'être dure et stable.

VI Tête de larve de punaise molle provenant de Schönenwerd
Aquarelle 1988/89, 21 × 29,7 cm
Les facettes sur l'œil gauche sont irrégulières et la couleur des yeux présente une altération.

VII Sésie provenant de Würenlingen
Aquarelle 1989/90, 29,7 × 42 cm
L'aile antérieure gauche est courte et en forme de ballon. L'aile postérieure, située normalement en dessous, est ondulée et brunâtre.

VIII Deux tigres provenant des environs de l'Institut Paul Scherrer à Villigen
Don. Johannes Jenny, Institut d'entomologie de l'EPF de Zurich
Aquarelle 1990/91, 29,7 × 42 cm
L'aile droite de la punaise de gauche est trop courte. Celle de droite a non seulement les ailes atrophiées, mais le bouclier cervical est complètement déplacé et défiguré.

IX Punaise du bois provenant des environs de l'Institut Paul Scherrer à Villigen
Don. Johannes Jenny, Institut d'entomologie de l'EPF de Zurich
Aquarelle 1991, 29,7 × 42 cm
Bouclier cervical sans bord à droite.

Tchernobyl

Les punaises que j'ai trouvées en été 1990 aux alentours du réacteur fatal de Tchernobyl présentaient différents types de dégradations: les trois premières images montrent des punaises provenant de la capitale d'arrondissement Polesskoje, située à l'ouest de la zone des 30 kilomètres. Leurs antennes sont incomplètes et leurs ailes sont fripées.
J'ai trouvé la punaise verte dans la ville morte de Pripjat. L'une des pattes centrales est ondulée et trop courte. Au bout de la patte ne se voient, en lieu et place d'une extrémité, que des griffes.
J'ai pu ramener en vie une partie des diables rouges (Pyrrhocoris) provenant du portail sud de la zone des 30 kilomètres, nommé Check Point Charlie. Leur cuirasse, normalement stable et sombre, est molle et claire. Les petites ailes de longueur inégale et le bouclier cervical difforme sont clairement atrophiés.

X Coréide provenant de Polesskoje
Aquarelle 1990, 29,7 × 42 cm
Le corps et les ailes sont normaux, mais il manque un segment de l'antenne gauche.

XI Coréide provenant de Polesskoje
Aquarelle 1990, 29,7 × 42 cm
Les ailes sont pliées, atrophiées et leur couleur est trop claire.

XII Larve de la punaise de feu provenant de Polesskoje
Aquarelle 1990, 29,7 × 42 cm
Le corps paraît sain, mais il manque un segment de l'antenne gauche et les deux segments d'antenne ont une longueur nouvelle.

XIII Punaise molle de Pripjat
Aquarelle 1990, 24 × 34 cm
Le segment central de la patte est ondulé, trop court et sans extrémité, seulement des orteils à l'extrémité de la jambe.

XIV Punaise de feu provenant des environs du «Check Point Charlie»
Aquarelle 1990, 29,7 × 42 cm
La partie gauche du bouclier cervical est difformé. La tache noire, normalement symétrique à droite et à gauche, est également atteinte.

XV Punaise de feu provenant des environs du «Check Point Charlie»
Aquarelle 1990, 29,7 × 42 cm
Les ailes sont de longueur inégale et trop étroites; elles ne suffisent pas à couvrir le corps mou et vulnérable.

Sellafield Grande-Bretagne, Three Mile Island et Peach Bottom Plant USA

En 1989, je me suis rendue à Sellafield, Grande-Bretagne. C'est là qu'en 1957, a eu lieu le premier accident de réacteur suivi par d'autres dérangements. Dans le voisinage immédiat de la centrale, j'ai trouvé des insectes avec des trous noirs dans la cuirasse, des ailes ondulées et des pattes déformées.
En été 1991, dans le territoire frappé par l'accident de la centrale nucléaire de Three Mile Island, pouvaient être observées des images semblables: des punaises dont les pieds, les antennes et les jambes étaient atrophiés, avec des points et des trous noirs dans la cuirasse.
Les punaises trouvées à proximité de Peach Bottom Plant étaient également frappées à faire peur, défigurées par des excroissances et des segments déplacés.

XVI Tête de cigale provenant de Ponsonby, à proximité de Sellafield, Grande-Bretagne
Aquarelle 1989, 29,7 × 42 cm
Le bouclier cervical plissé fait apparaître un trou.

XVII Coccinelle provenant des alentours de Three Mile Island, Etats-Unis
Aquarelle 1991, 29,7 × 42 cm
Une excroissance noire surgit de la bosse qui défigure l'aile.

XVIII Punaise fantôme provenant des alentours de Peach Bottom Plant, Etats-Unis
Aquarelle 1991, 29,7 × 42 cm
Les cinq segments de chaque côté du ventre ont une forme différente et sont asymétriquement déplacés.

After Chernobyl 1987/88

After the accident of Chernobyl in April 1986, I asked myself to what extent the radioactive fallout, which contaminated Europe, could have mutated insects. Therefore I examined leaf bugs and cicades in the center of Sweden and the south of Switzerland. The never before seen damage to the body, wings, feelers, and legs made an effect.
From Mendrisiotto I brought two pairs of Drosophila melanogaster flies home in order to breed them and to observe the growth of the next generations. These flies, which are used all over the world in university institutes for genetic studies and which are often mutated with x-rays or poison, showed marked damage in the first generation: wavy wings, shifted segments in the abdomen, unequal size red eyes, and bent bristles.

Sweden 1987

I Two heads of the damsel bug from Gysinge, Sweden
Water color 1987, 21 × 29,7 cm
Above the head of a bug with sausage formed, shortened feelers and black growths out of the right eye. The head below is healthy.

Tessin 1987

II Breeded Drosophila melanogaster from Rancate, Tessin
Water color 1987, 21 × 29,7 cm
The fly has a 'clubbed' wing. The right, nomal wing stretches over the back of the body.

Deformations in the area of Swiss atomic energy plants 1988 – 91

Science holds artificial radioactivity in low doses for harmless. Nonetheless I was interested in the leaf bugs and cicades in the area near the Swiss atomic energy plants and the Paul Scherrer Institute (reactor research). In the main wind direction of the immediate areas, I found a frightening number of deformed bugs. The pictures show different growths: Unequally long wings and irregular spots; bent, wavy and blown up wings; growths out of eyes; blisters and amorphous forms on the neck plates are shocking to the observer. At the Swiss Institute of Technology in Zurich (ETH) this matter is now being investigated.

III Fire bug from Brugg
Water color 1990, 29,7 × 42 cm
A healthy fire bug.

IV Fire bug from Brugg
Water color 1990, 29,7 × 42 cm
The left wing is short and bent without spots. The right wing has spots but not in the usual form.

V Fire bug from Bernau
Leg. Johannes Jenny, Entomological Institute ETH Zurich
Water color 1990, 29,7 × 42 cm
Two legs on the left side light and bent. The chitin armour, outside skeleton of the insects, is here soft instead of hard and firm.

VI Head of a soft bug larva from Schönenwerd
Water color 1988/89, 21 × 29,7 cm
The irregular facettes on the left eye and a growth in the color part of the eye.

VII Glasswing bug from Würenlingen
Water color 1989/90, 29,7 × 42 cm
The left cover-wing is short and balloon shaped. The otherwise flat underlying transparent wing is wavy and brownish.

VIII Two damsel bugs from the grounds of the Paul Scherrer Institute, Villigen
Leg. Johannes Jenny, Entomological Institute ETH Zurich
Water color 1990/91, 29,7 × 42 cm
Left bug, too short right wing. The right bug has not only a damaged wing but a completely displaced and misshaped neck plate.

IX Tree bug from the grounds of the Paul Scherrer Institute Villigen
Leg. Johannes Jenny, Entomological Institute ETH Zurich
Water color 1991, 29,7 × 42 cm
Neck plate, right side without point.

Chernobyl

The bugs I found in the area of the ill-fated reactor of Chernobyl were damaged in various ways. The first three pictures show bugs from the district capital of Polesskoje, west of the 30 kilometer zone. Feeler parts and wings are crippled. The green soft bug I found in the deserted city of Pripjat. One of the middle legs is wavy and too short. At the end of the leg there are only claws instead of a foot.
Some of the red fire bugs from the south gate of the 30 kilometer zone, called Check Point Charlie, I brought back home alive. The otherwise firm, dark armour is soft and light. Clearly deformed are also the narrow, unevenly long wings and the misshaped neckplate.

X Leather bug from Polesskoje
Water color 1990, 29,7 × 42 cm
Normal body and wing, but the left feeler is missing a section.

XI Leather bug from Polesskoje
Water color 1990, 29,7 × 42 cm
Bent wings, crumpled and to light in color.

XII Fire bug larva from Polesskoje
Water color 1990, 29,7 × 42 cm
The body seems healthy however a section is missing from the left feeler and the length of the two feeler sections is new.

XIII Soft bug from Pripjat
Water color 1990, 24 × 34 cm
Middle leg is wavy, short and without foot, only with toes at the end of the leg.

XIV Fire bug from the area near 'Check Point Charlie'
Water color 1990, 29,7 × 42 cm
The left side of the neck plate is misshaped. Affected is also the black spot, which should have left-right symmetry.

XV Fire bug from the area near 'Check Point Charlie'
Water color 1990, 29,7 x 42 cm
The wings, unevenly long and narrow cannot cover the soft, vulnerable body.

Sellafield, Great Britain, Three Mile Island and Peach Bottom Plant, USA

1989 I travelled to Sellafield, Great Britain. 1957 the first reactor accident occurred there and other incidents followed. Also in the immediate area of the plant I found insects with black holes in the armour, wavy wings and deformed legs.
In the summer of 1991 in the area of the accident of the Three Mile Island atomic energy plant a similar picture: bugs with crippled legs, feet and feelers, black dots and holes in the armour. In a most frightening way the bugs of the immediate surroundings of the Peach Bottom Plant are damaged, disfigured through growths and shifted segments.

XVI Cicade head from area near Ponsonby, near Sellafield, Great Britain
Water color 1989, 29,7 × 42
The bent neck plate causes a hole.

XVII Lacy bug from the area of Three Mile Island, USA
Water color 1991, 29,7 × 42 cm
A black growth rises from a depression, which reshapes the wing.

XVIII Ambush bug from the area of Peach Bottom Plant, USA
Water color 1991, 29,7 × 42 cm
The five segments on each stomach side are unevenly formed and asymmetrically shifted.

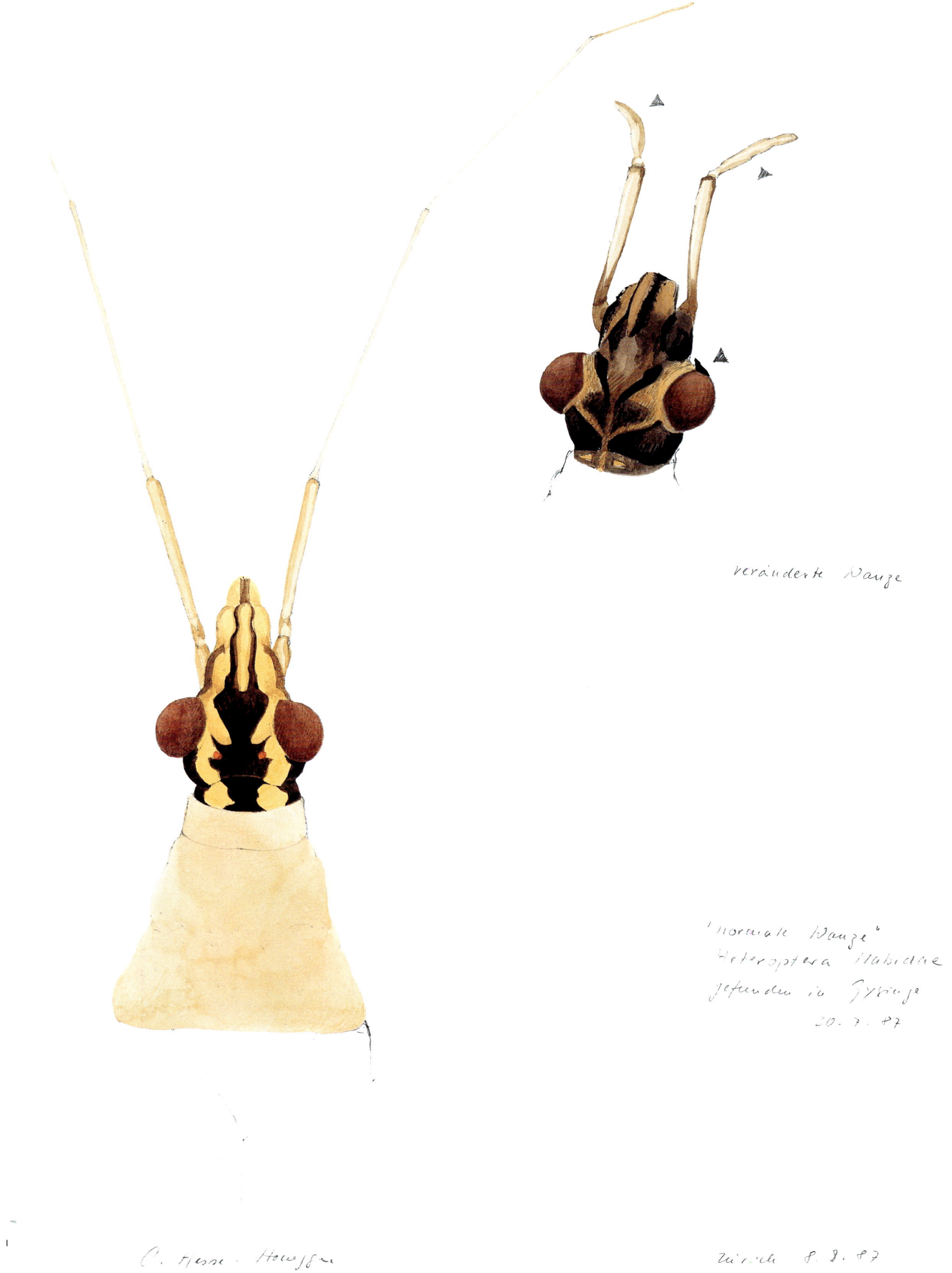
veränderte Wanze
"normale Wanze"
Heteroptera Nabidae
gefunden in Syringe
20. 7. 87
C. Hesse-Honegger
Zürich 8. 8. 87

Neudörfio I 3. Generat.

Farbskizze eines narkotisierten *Drosophila melanogaster* Männchens

Ausser dem linken Flügel ist alles normal

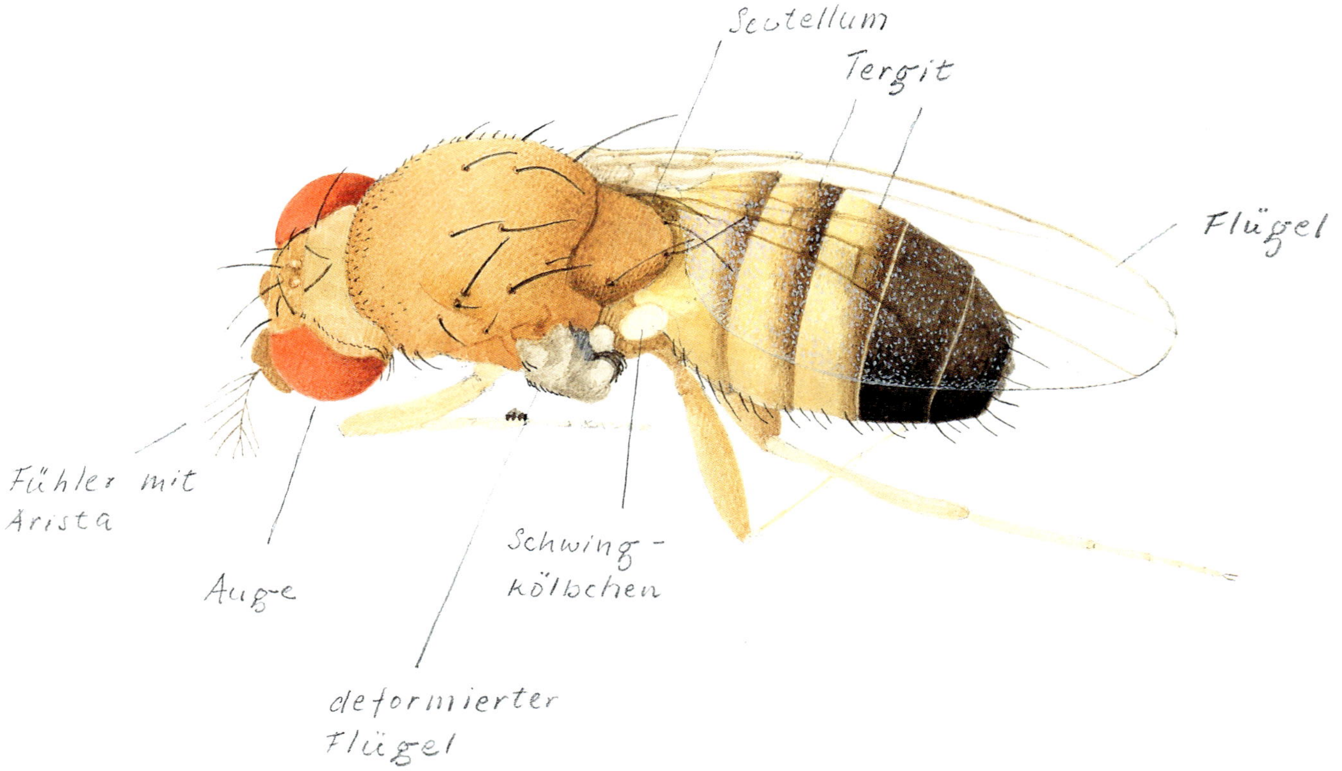

II

Zürich, 2. Dez. 87

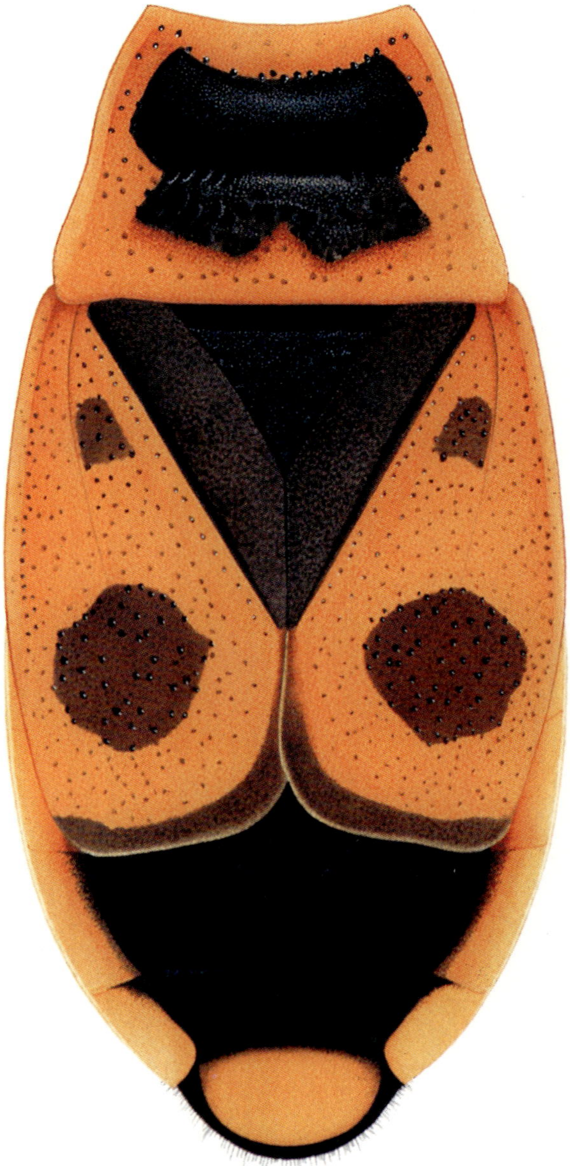

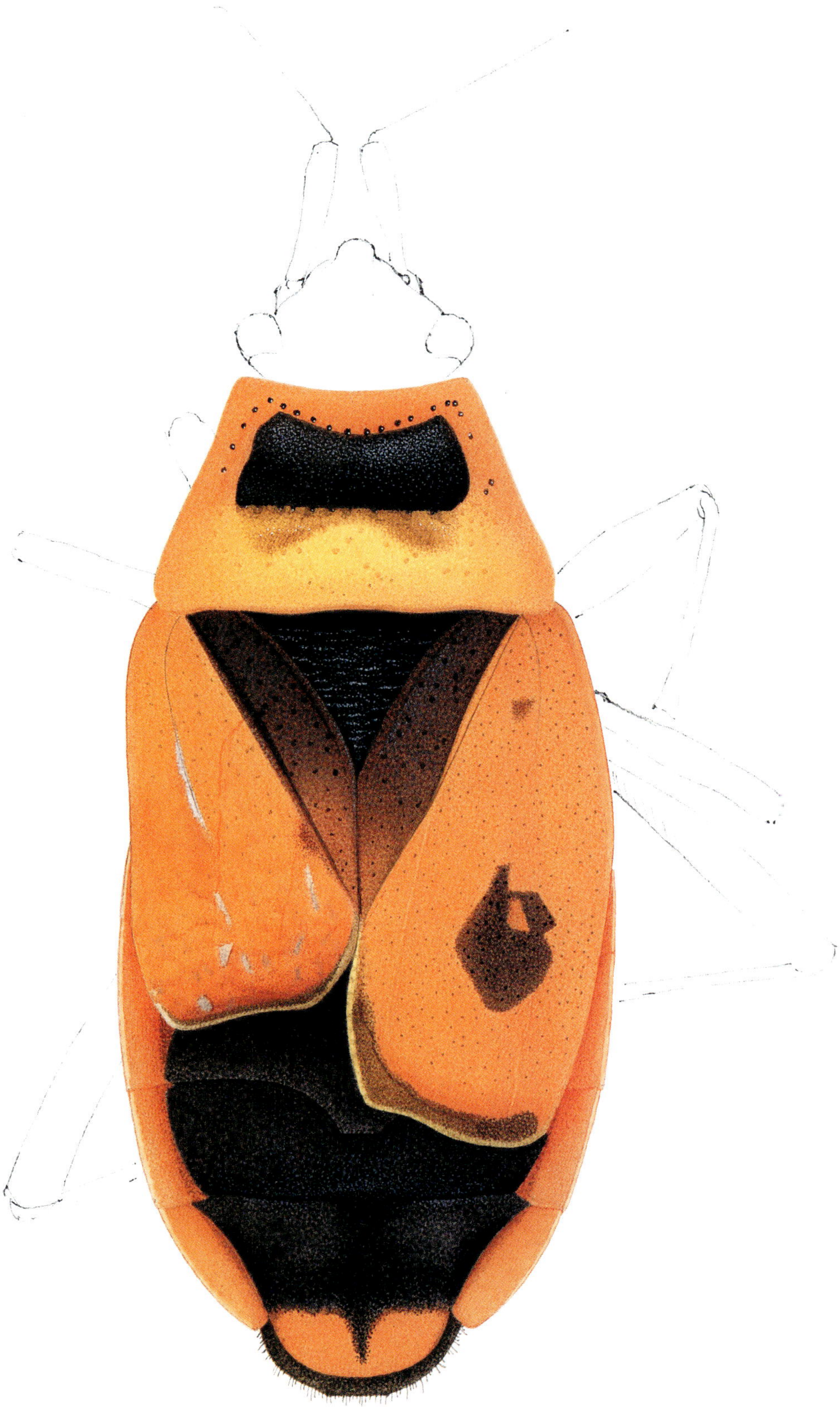

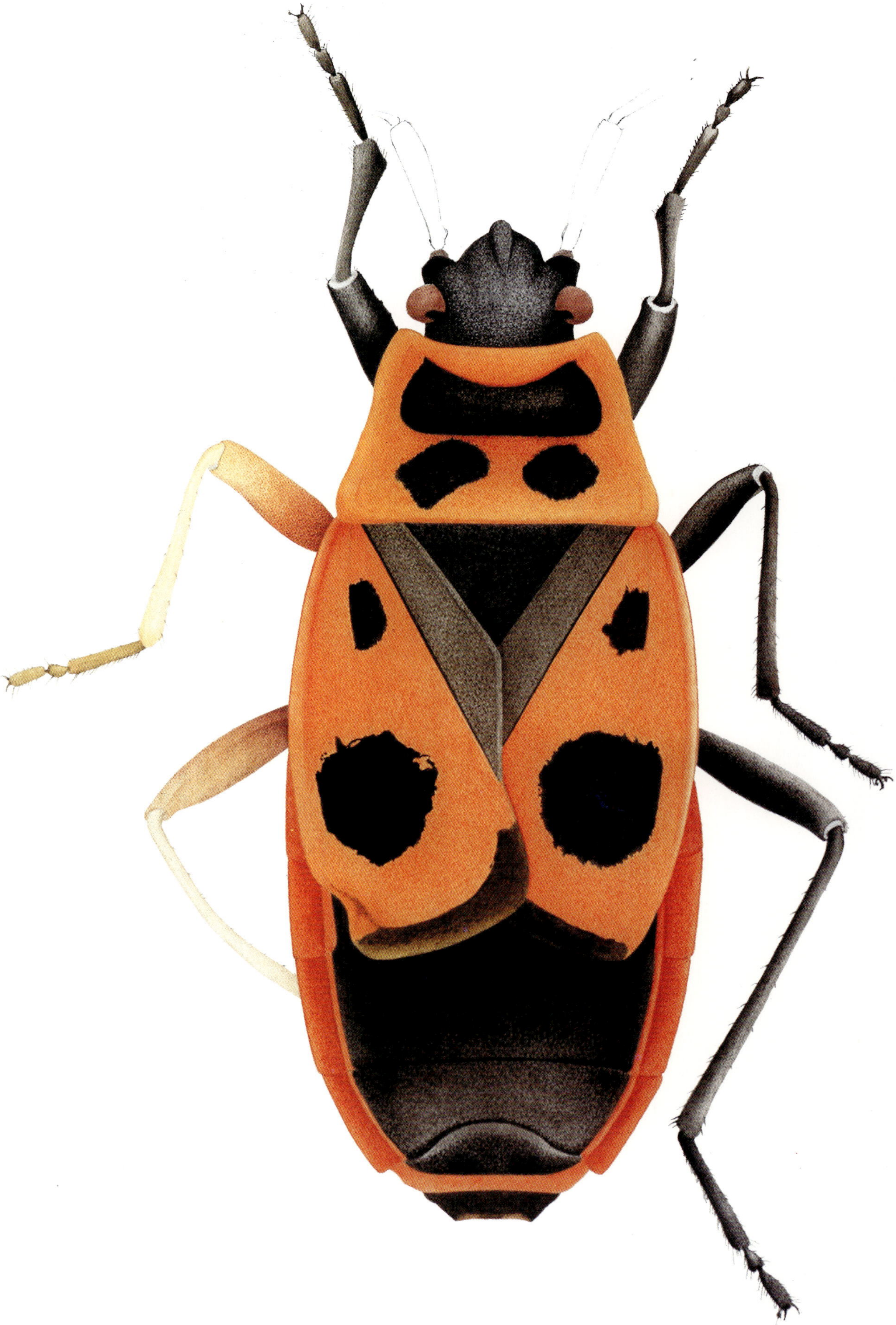

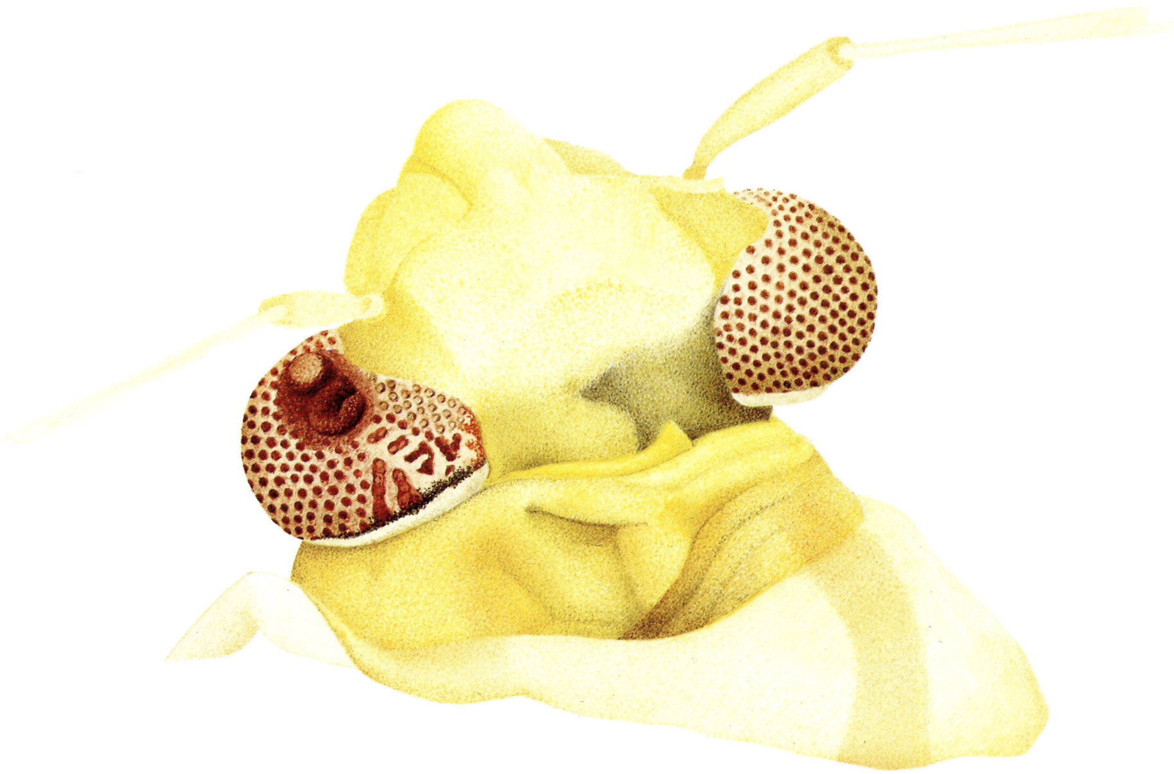

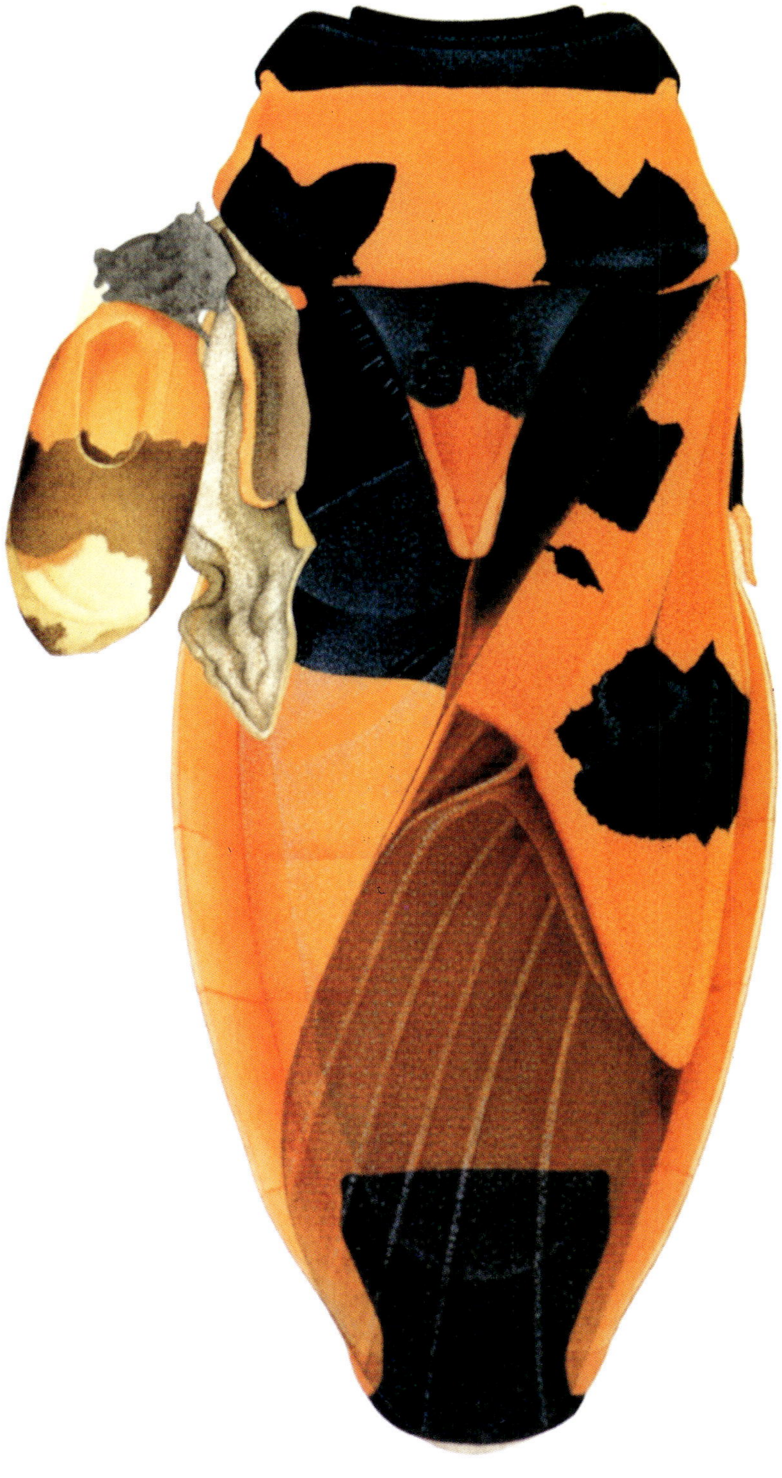

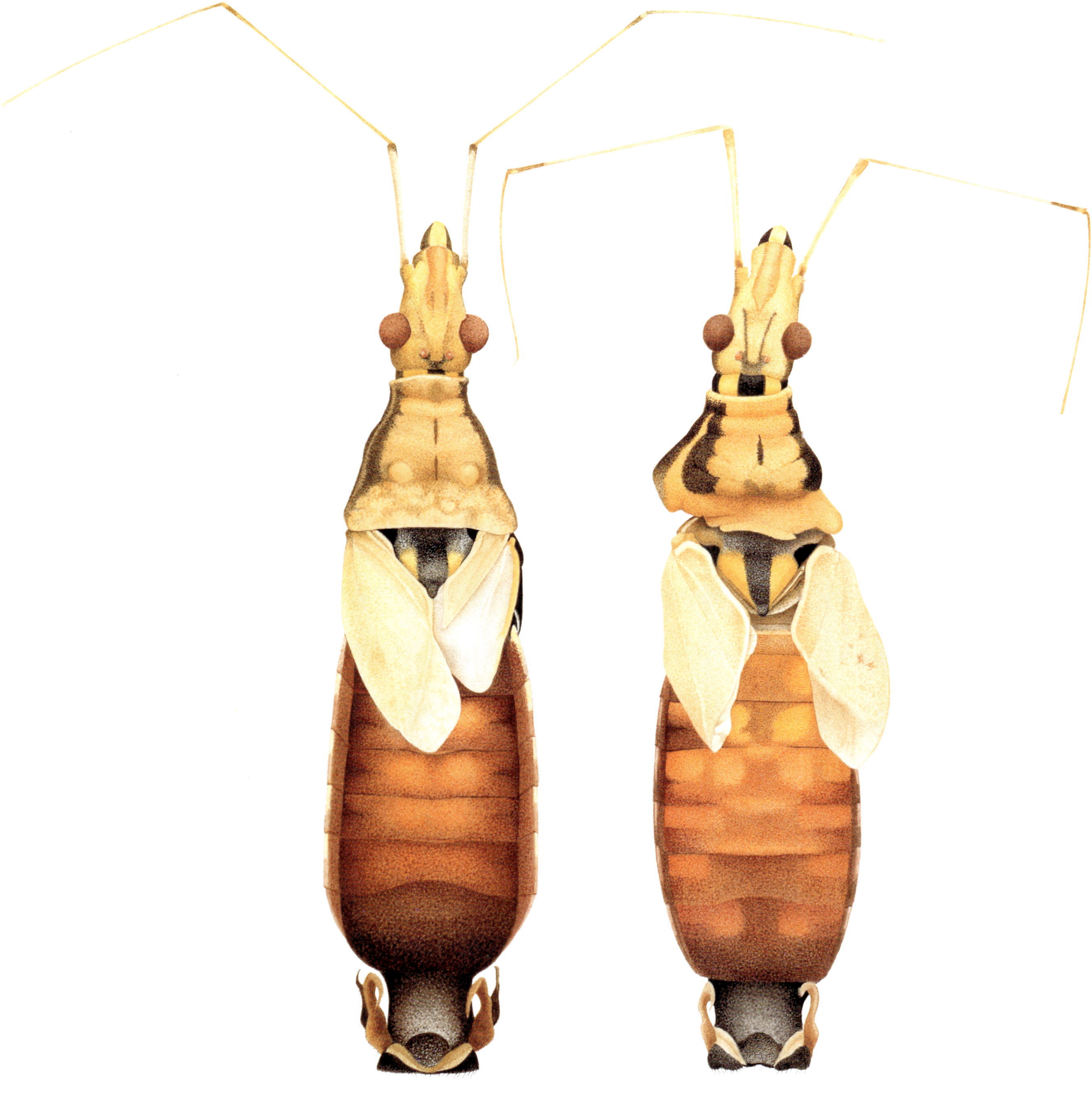

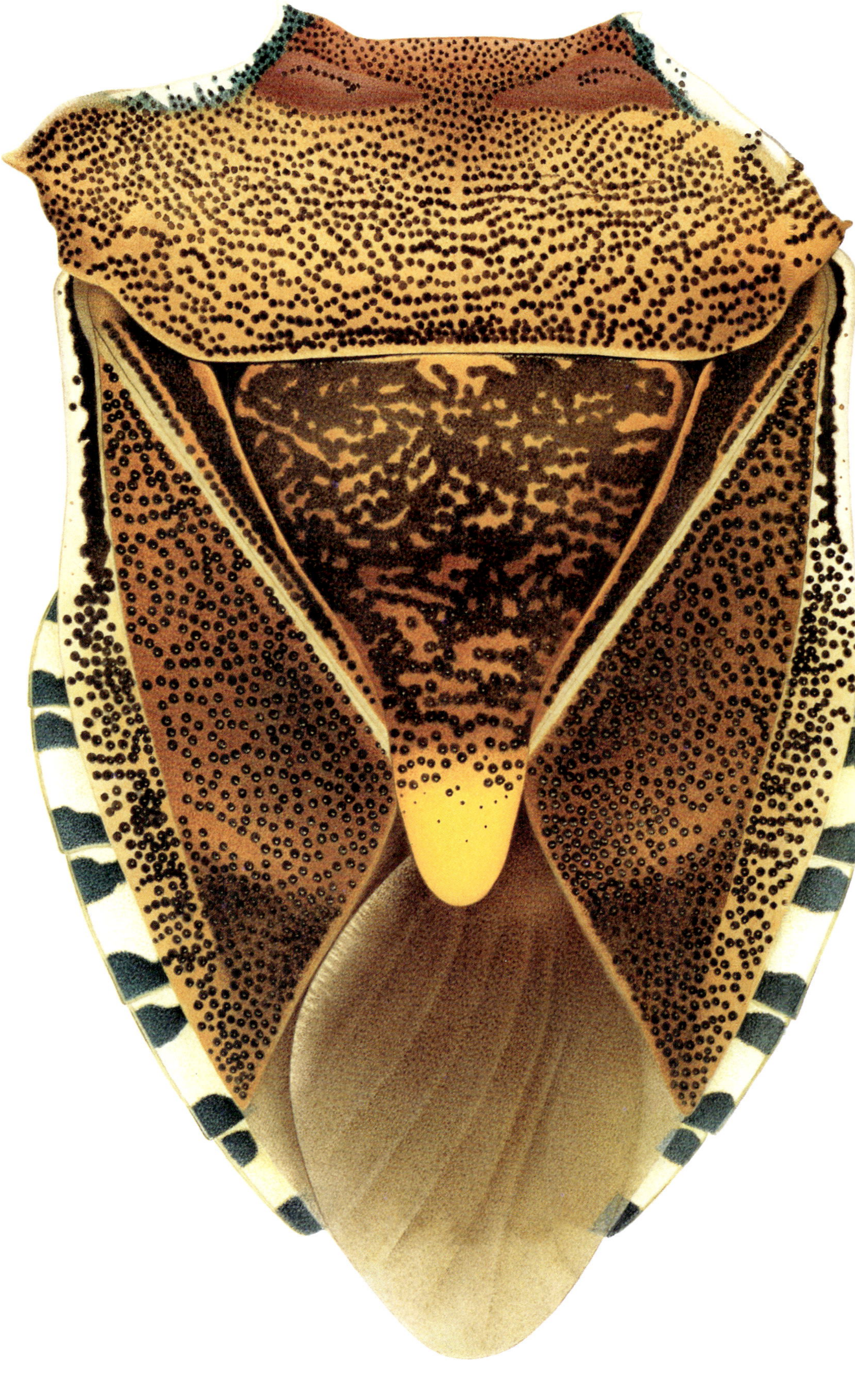

IX

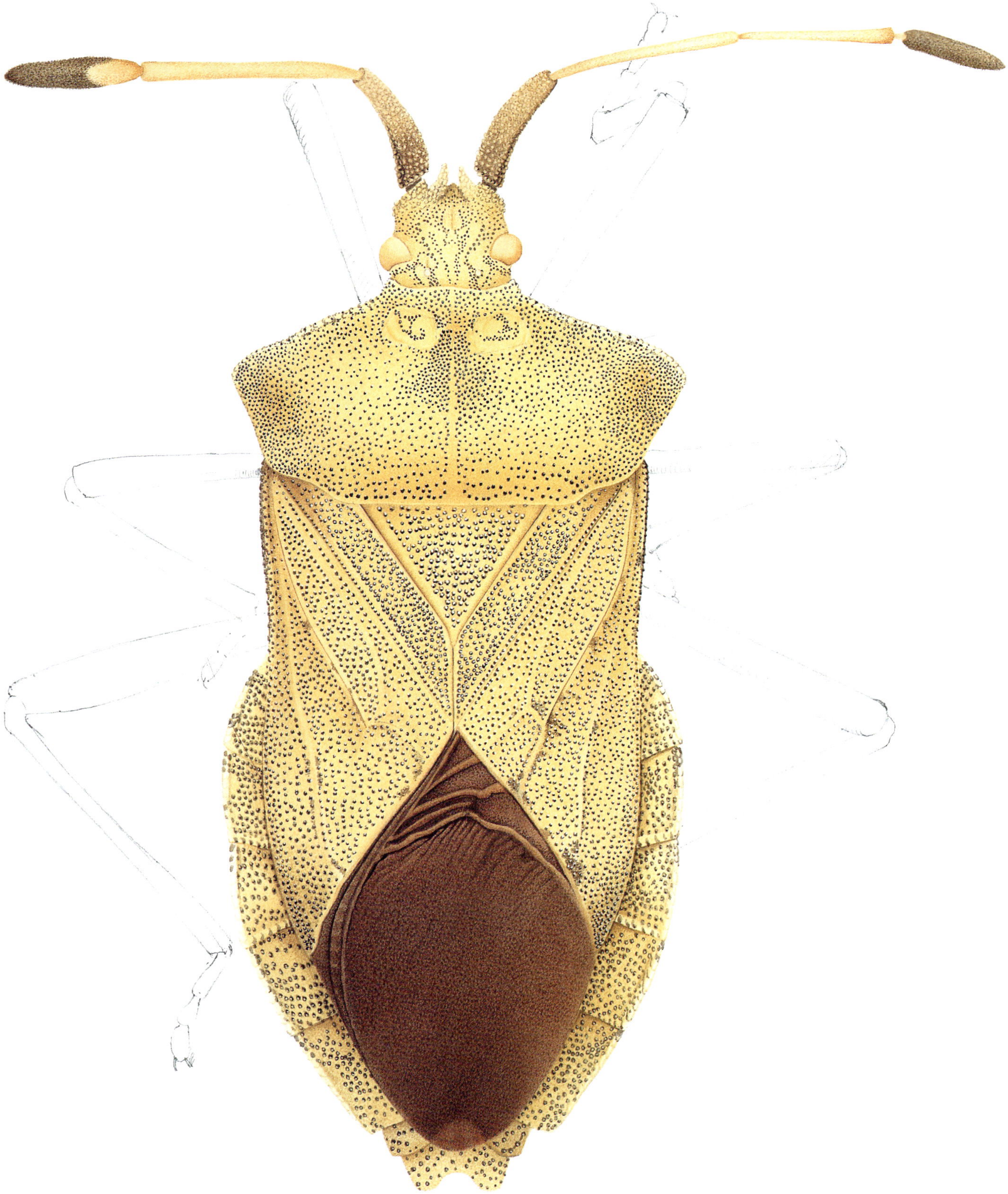

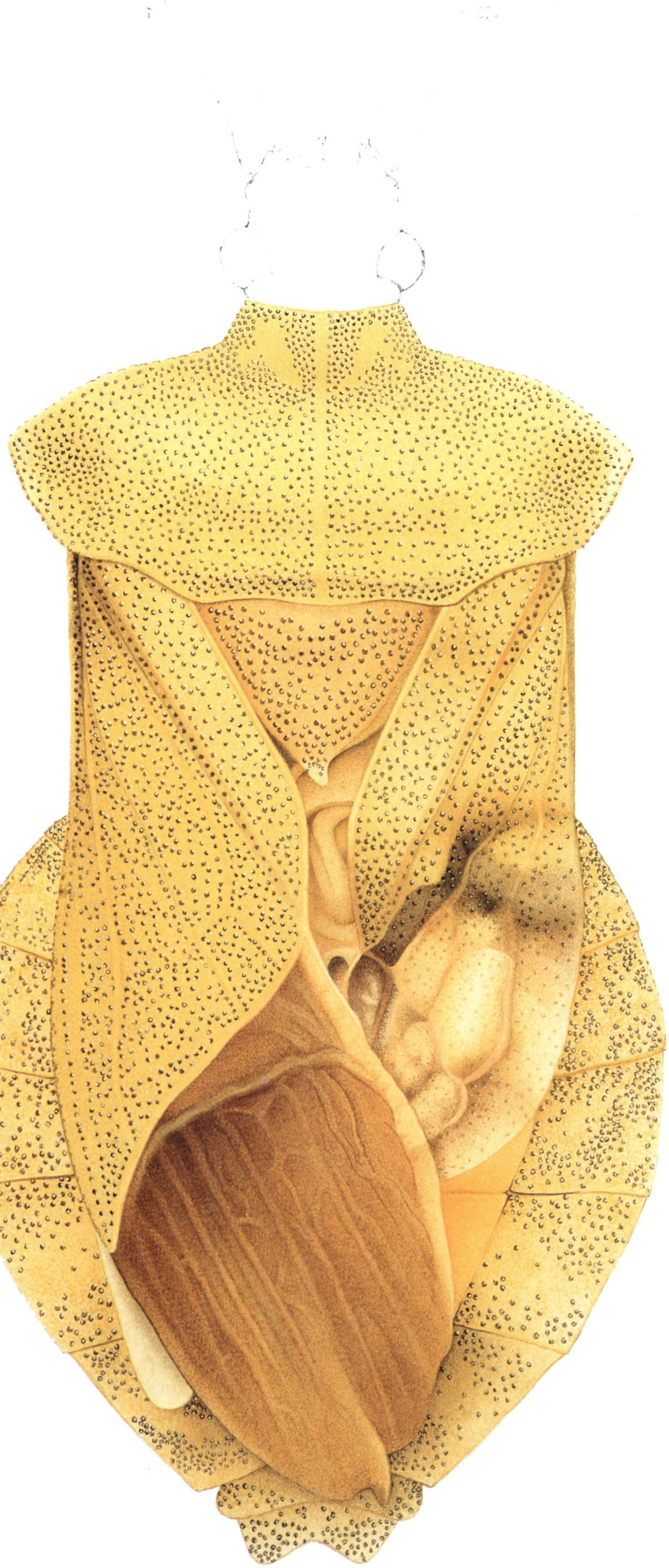

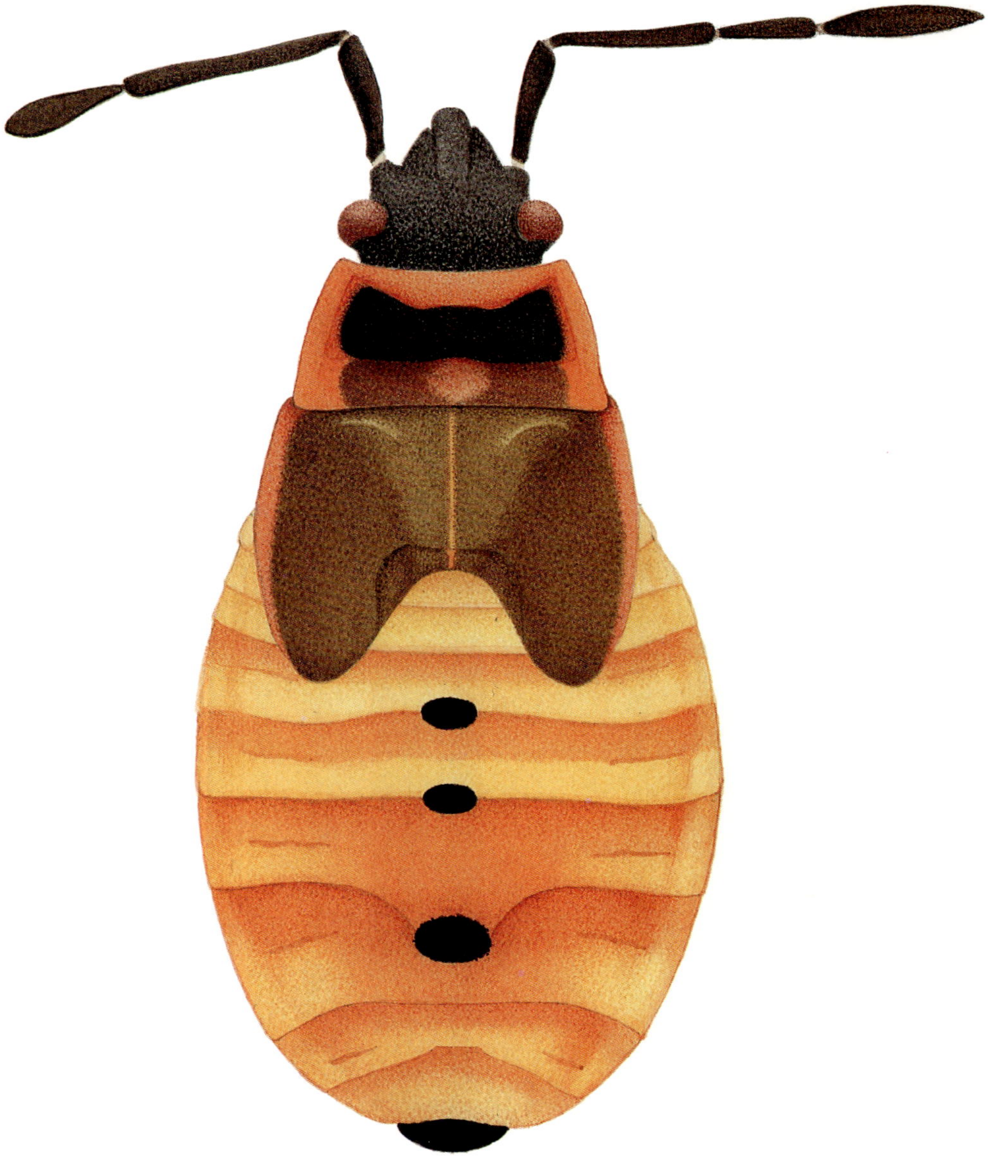

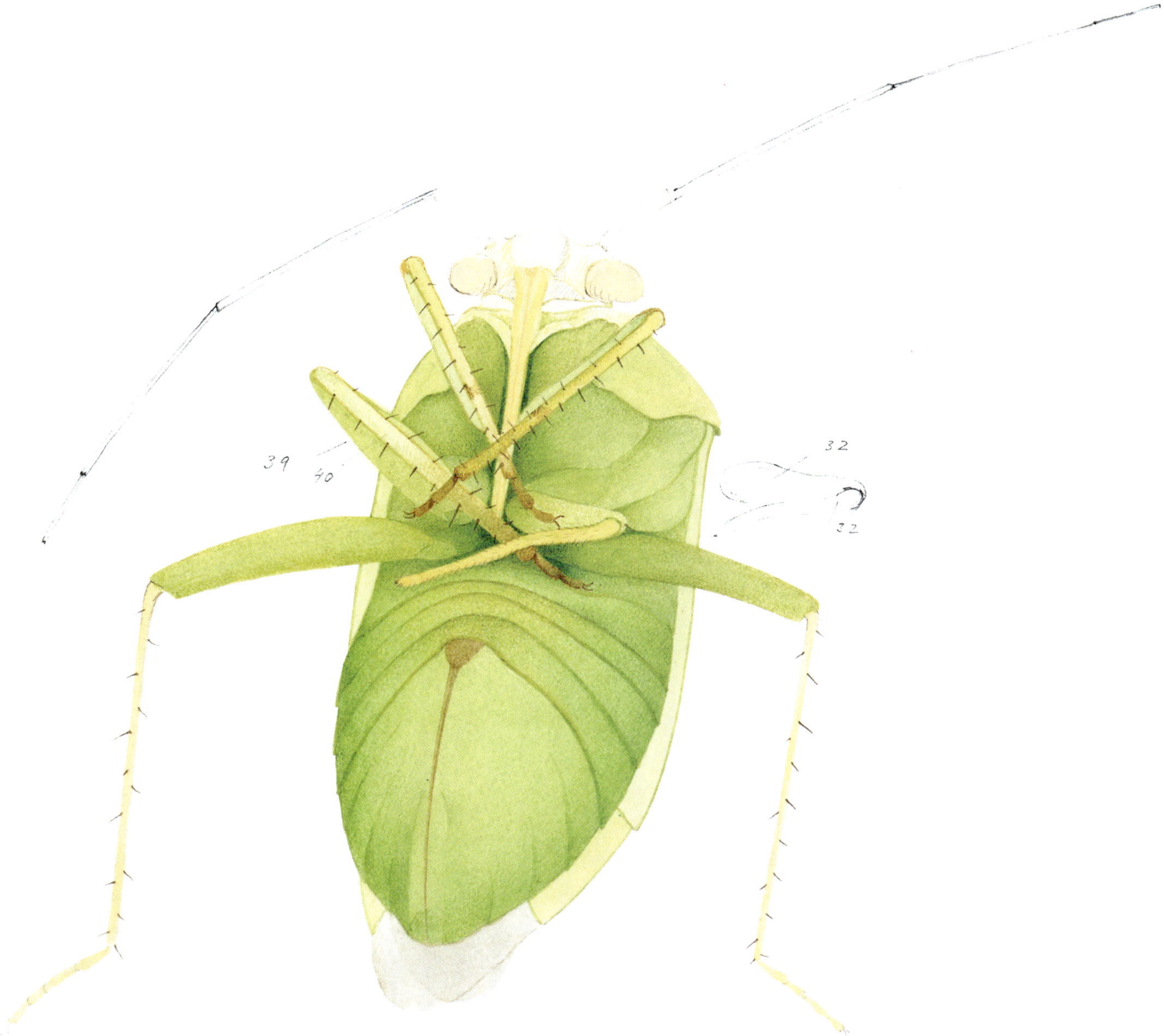
39
40
32
32

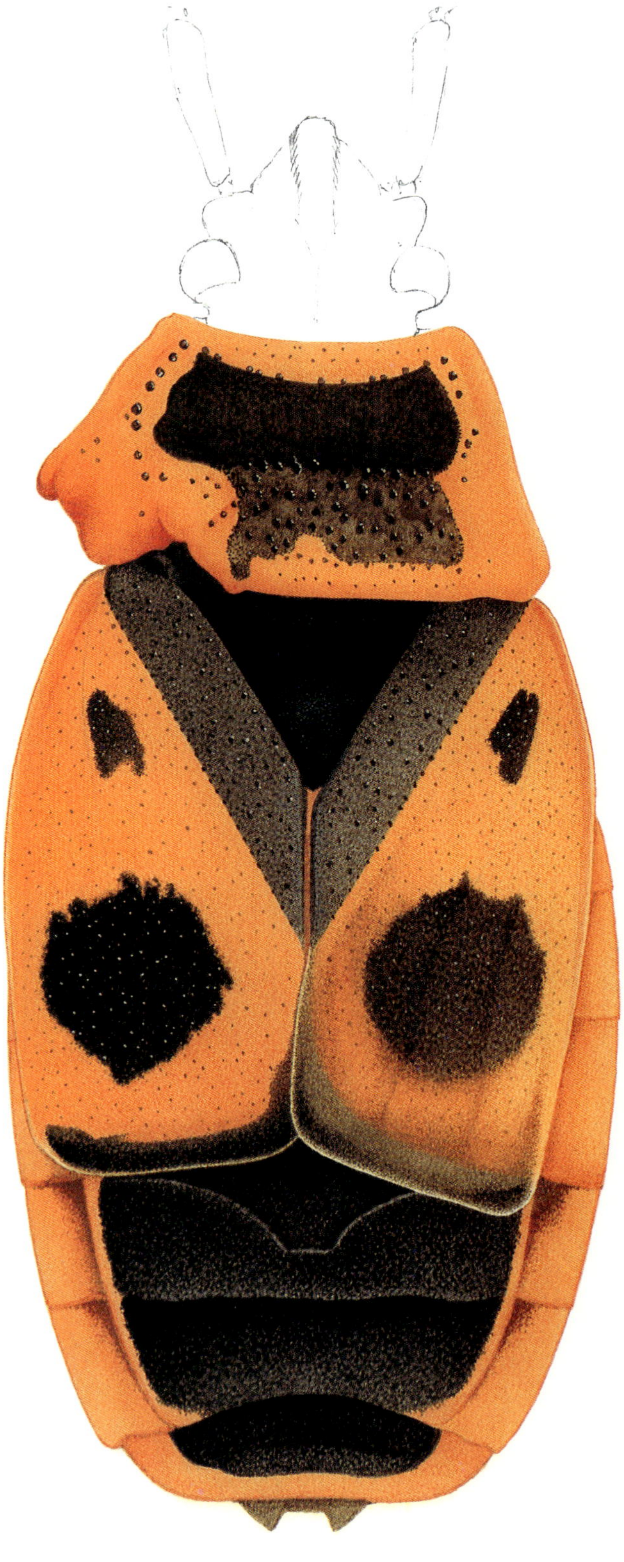

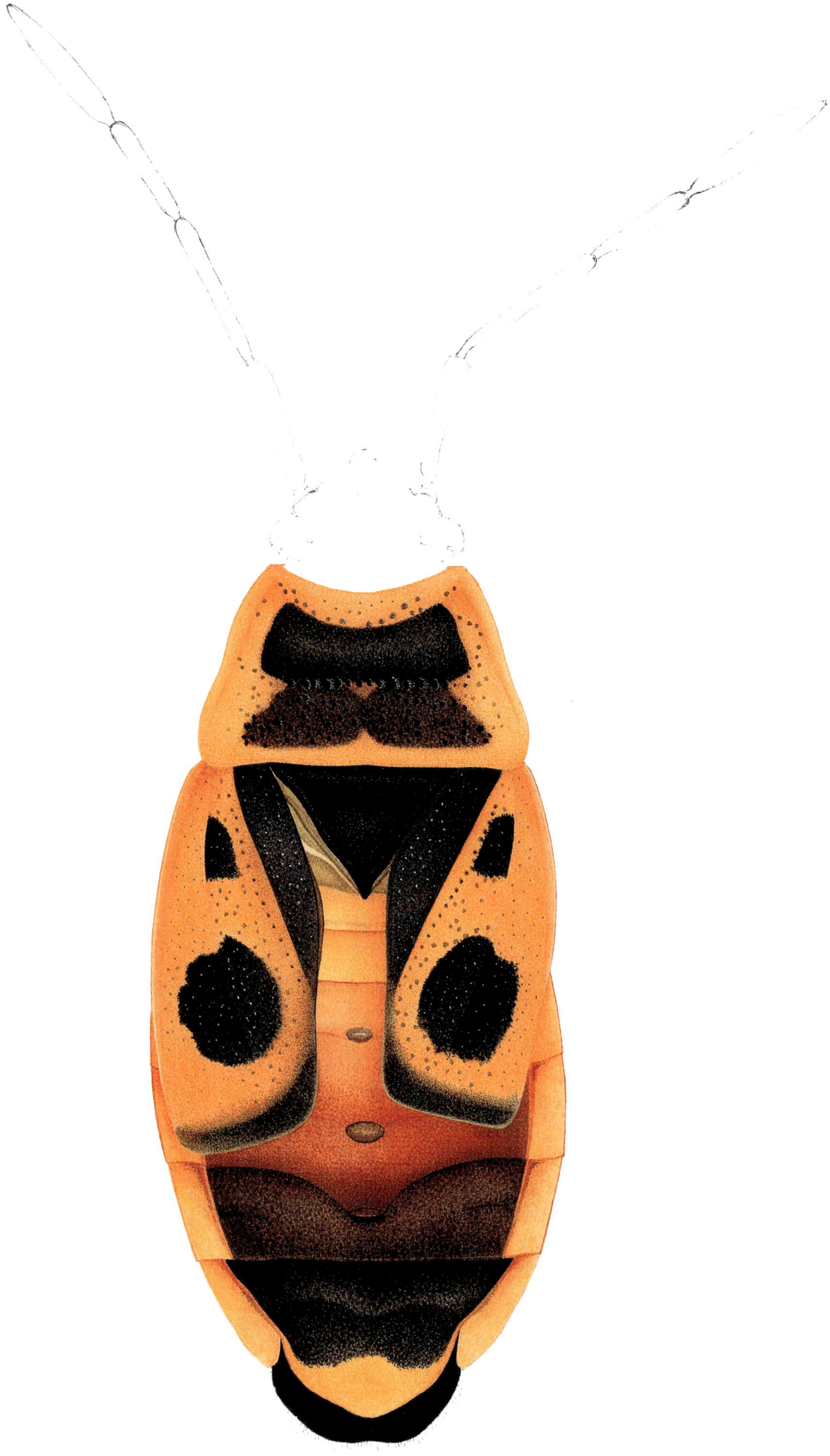

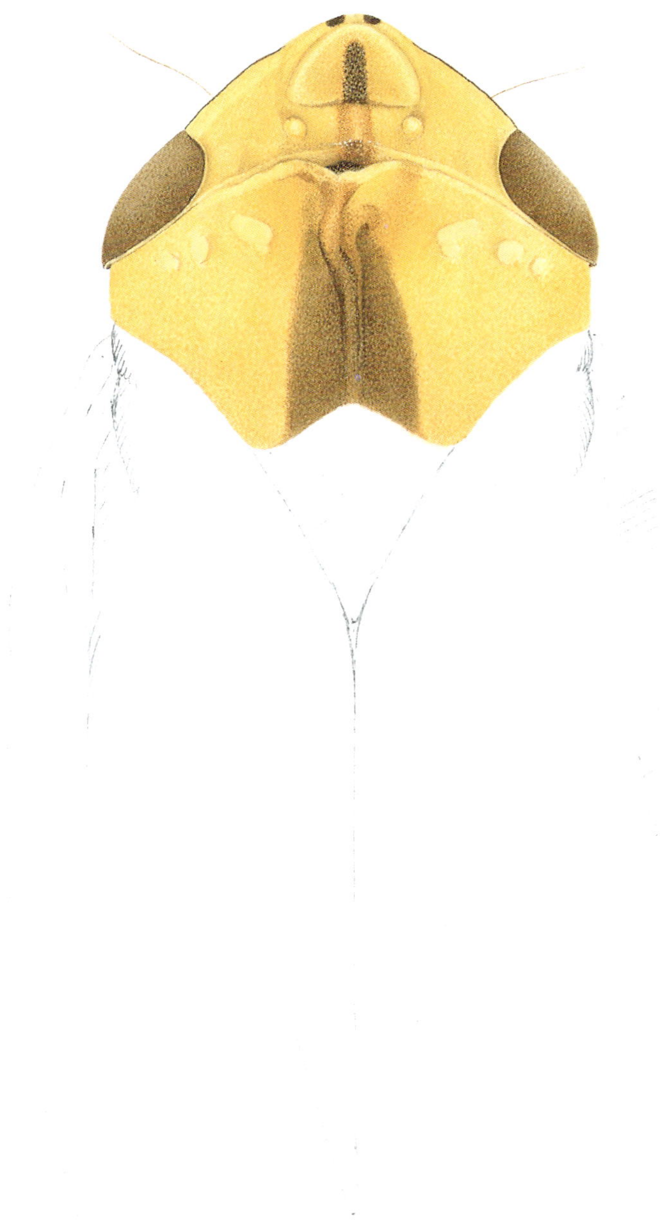

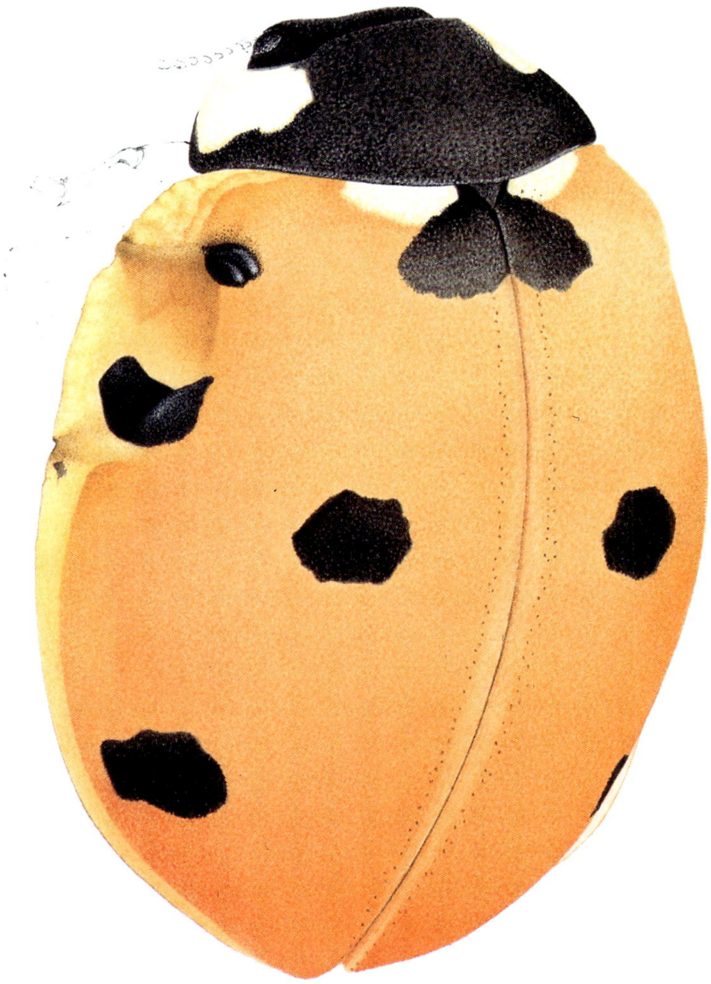

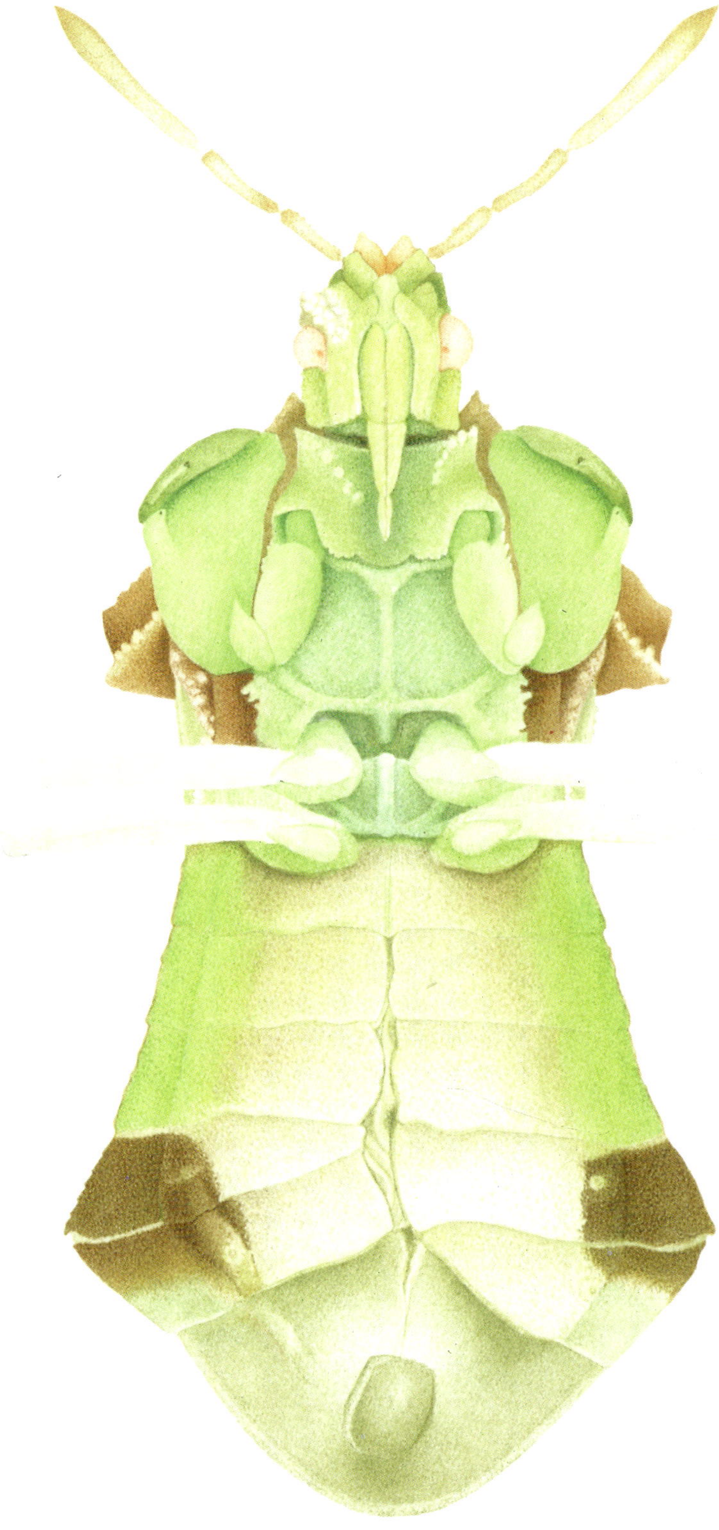

Mein Weg

Cornelia Hesse-Honegger

In meiner Familie waren künstlerische Diskussionen an der Tagesordnung. Deshalb erlernte ich den Beruf einer wissenschaftlichen Zeichnerin auch nicht auf dem normalen Weg, sondern massgeschneidert: Nach einem Jahr Vorkurs an der Zürcher Kunstgewerbeschule absolvierte ich eine Ausbildung am Zoologischen Institut der Universität Zürich bei Professor Hans Burla. Danach bekam ich einen Studienplatz bei der Tierzeichnerin Ilona Richter an der Stazione Zoologica in Neapel und absolvierte ein Jahr an der Ecole Supérieure des Beaux Arts in Paris. Damals faszinierte mich vor allem die Schönheit des Lebens unter Wasser. Also arbeitete ich bei meeresbiologischen Stationen in Frankreich, Hawaii und Neukaledonien und hielt die Kleinstlebewesen im Bild fest, die nur unter dem Mikroskop sichtbar sind. In dieser Zeit wurde ich erstmals mit Umweltschäden konfrontiert, der feine Nickelstaub hatte die Korallenriffe verwüstet. Wieder in Zürich, illustrierte ich wissenschaftliche Publikationen über Systematik und Genetik. Beim Zeichnen der Drosophila subobscura, der Taufliege, die sich wegen schneller Vermehrung für die Züchtung im Labor eignet, stiess ich wiederum auf Zerstörung. Das Gift EMS, dem Futter beigemischt, war für Mutationen verantwortlich. Die verunstalteten Gesichter dieser Fliegen übten eine schreckliche Faszination aus, und ich begann sie zu malen. Als ich später auf dem Land lebte und Kinder zu betreuen hatte, zeichnete und malte ich in den spärlichen Pausen heimische Insekten. Damals entwickelte ich eine besondere Vorliebe für die Blattwanze (Heteroptera), die nur ein bis zehn Millimeter gross ist. Unter dem Mikroskop wurden geometrische bunte Muster auf ihren Schildern sichtbar. Also begann ich viele Arten, die in der Schweiz lebten, zu malen, bis ich mit Schrecken bemerkte, dass ein Teil davon am Aussterben war. Ich realisierte den Wandel und gleichzeitig, dass diese Veränderungen nicht zur Kenntnis genommen wurden. Unsere Zeit hält sich an gefälligen Bildern fest, die der Realität nicht mehr entsprechen. Besonders manifest wurde diese Art der Zerstörung bei Laborfliegen, die mit radioaktiver Strahlung mutiert worden waren: Unterschiedliche Augen, löffelförmige Flügel und Beine, die aus den Fühlern wachsen, schlugen mich in Bann. Während dieser Arbeit kam es zur Katastrophe von Tschernobyl. In Westeuropa, wiegelten Fachleute die Bedenken der Öffentlichkeit ab, sei der radioaktive Niederschlag so gering gewesen, dass kein Schaden entstehen werde. Ich war skeptisch und reiste nach Mittelschweden, das vom radioaktiven Fall-out am stärksten betroffen war. Ich fand rote Pflanzen, deformierte Blätter und Blattwanzen mit Auswüchsen auf den Augen, verkrüppelten Beinen, Füssen und Fühlern. Meine Untersuchungen in der Südschweiz zeitigten ähnliche, eher gravierendere Resultate. Die Publikation meiner Arbeiten initiierte Diskussionen und machte klar, dass über die Auswirkungen künstlicher niedriger Strahlen kaum wissenschaftlich gesichertes Material vorliegt. Also suchte ich mir Blattwanzen im Umfeld der Schweizer Atomkraftwerke, die auch bei normalem Betrieb radioaktive Strahlen emmitieren. Die Blattwanzen, die ich zu Hause unter dem Mikroskop untersuchte, zeigten schlechtweg entsetzliche Missbildungen. Im Umkreis der Atomaufbereitungsanlage Sellafield in Grossbritannien, wo sich bereits 1957 der erste Reaktorunfall ereignete, setzte ich meine Arbeit fort. Sellafield hatte nach 1957 weiterproduziert und wurde trotz weiterer Zwischenfälle nicht abgeschaltet, obwohl Kinder im Umfeld der Atomaufbereitungsanlage erwiesenermassen häufiger als normal an Leukämie erkranken. Der Panzer (Chitin) der Insekten, die ich dort sammelte, zeigte braune Flecken, Geschwüre und Verdickungen. Die Wanzen aus den Feldern um Tschernobyl, die ich 1990 in die Schweiz brachte, hatten verbogene oder weiche Panzer, gewellte Flügel, deformierte Füsse, oder es fehlte ein Glied im Fühler. Ihre Deformationen unterscheiden sich nicht wesentlich von denjenigen der Wanzen, die ich in der Nähe der schweizerischen Atomkraftwerke sammelte. Im Sommer 1991 suchte ich meine Blattwanzen in der Nähe der Reaktoren von Three Mile Island und Peach Bottom Plant in den USA. Auch dort waren Unfälle passiert, und auch dort waren die Insekten verkrüppelt.

Ich dokumentiere den Schrecken, der erst begonnen hat, und werde weiter arbeiten, weil ich hoffe, dass der Schrecken wahrgenommen wird. Vielleicht aber auch, weil diese sinnlose Art der Deformation eine Art schrecklichen Zwangs auf mich und meine Arbeit ausübt.

Zürich, September 1991

Il mio cammino

Cornelia Hesse-Honegger

Nella mia famiglia le discussioni sull'arte erano all'ordine del giorno. Per la mia formazione di disegnatrice scientifica non ho pertanto seguito un curriculum normale, ma ne ho creato uno su misura: dopo un anno di corso preparatorio presso la Kunstgewerbeschule di Zurigo, ho concluso la mia formazione all'Istituto di zoologia dell'Università di Zurigo, presso il professore Hans Burla. In seguito ho ottenuto un posto di studio presso la disegnatrice di animali Ilona Richter alla Stazione Zoologica di Napoli ed ho frequentato per un anno l'Ecole Supérieure des Beaux Arts di Parigi.

All'epoca ero affascinata soprattutto dalla bellezza della vita sott'acqua. Ho quindi lavorato presso stazioni di biologia marina in Francia, alle Hawaii e in Nuova Caledonia, limitandomi a ritrarre soltanto i più piccoli esseri viventi, visibili unicamente al microscopio. In questo periodo sono stata confrontata per la prima volta con danni ambientali: la polvere di nichel aveva rovinato le barriere coralline.

Tornata a Zurigo ho lavorato per le illustrazioni di pubblicazioni scientifiche sulla sistematica e sulla genetica. Disegnando la Drosophila subobscura, particolarmente indicata per l'allevamento vista la rapidità con cui si riproduce in laboratorio, ho riscontrato di nuovo dei danni. Il veleno EMS, aggiunto al nutrimento, era responsabile di mutazioni. Le teste delle mosche suscitavano in me fascino ed orrore ed ho iniziato a disegnarle.

Quando più tardi sono andata a vivere in campagna, dove mi occupavo essenzialmente di bambini, ho iniziato a disegnare e dipingere insetti indigeni nei pochi ritagli di tempo che mi rimanevano. Ho sviluppato un interesse tutto particolare per le cimici (eterotteri), un ordine di insetti grandi da uno a dieci millimetri. Al microscopio erano visibili, sulla corazza, disegni geometrici colorati. Ho quindi iniziato a dipingerne molte specie viventi in Svizzera, finchè ho notato con orrore che una parte si stava estinguendo.

Mi sono accorta del cambiamento e, allo stesso tempo, che questo non e ancora cosciente. La nostra epoca si fonda su belle immagini che ormai non rispecchiano più la realtà.

Questo tipo di danno era particolarmente visibile sulle mosche da laboratorio, che avevano subito mutazioni in seguito a radiazioni radioattive: rimasi allibita di fronte ad occhi diversi l'uno dall'altro e ali e zampe che crescono dalle antenne, ali a forma di cucchiaio.

Durante questa mia occupazione avvenne la castastrofe di Cernobil. Nell'Europa occidentale, gli esperti si davano da fare per dissipare i dubbi dell'opinione pubblica, insistendo sul fatto che le precipitazioni radioattive erano così bassi che non avrebbero rappresentato nessun pericolo. Per quanto mi riguardava ero scettica e mi sono pertanto recata nella Svezia centrale, la zona più colpita dalle fughe radioattive. Ho scoperto piante rosse, foglie deformate e cimici con escrescenze sugli occhi nonché zampe, tarsi ed antenne storpi. I risultati delle mie ricerche in Svizzera, a sud delle Alpi (Ticino), erano analoghi, se non addirittura più allarmanti.

La pubblicazione dei miei lavori ha dato inizio a discussioni ed ha rivelato l'assenza di materiale scientifico affidabile sulle ripercussioni di radiazioni artificiali di debole intensità.

Mi sono pertanto recata nelle regioni circostanti le centrali atomiche Svizzere che, anche in tempi normali, emettono radiazioni radioattive. Esaminando al microscopio cimici provenienti da tali zone ho osservato con certezza la presenza di deformazioni ripugnanti.

Ho continuato le mie ricerche nei dintorni degli impianti di preparazione di materiale atomico di Sellafield in Gran Bretagna, dove nel 1957 avvenne il primo incidente ad un reattore. L'impianto è rimasto in funzione anche dopo il '57 e, nonostante altri incidenti analoghi e una percentuale insolitamente alta di bambini ammalati di leucemia nei dintorni, non è stato arrestato. La corazza (chitina) degli insetti raccolti nella regione presentava macchie marroni, ulcere e ispessimento.

Le cimici provenienti dai campi circostanti Cernobil, che ho portato in Svizzera nel 1990, avevano corazze ricurve o molli, zampe deformate o antenne incomplete. Tali deformazioni non erano molto diverse da quelle presenti nelle cimici che avevo raccolto in prossimità di centrali atomiche svizzere.

Nell'estate 1991 ho ricercato cimici vicino ai reattori di Three Mile Island e Peach Bottom Plant negli Stati Uniti. Anche in queste zone si erano verificati degli incidenti e anche in queste regione gli insetti erano deformi.

Il mio lavoro è una documentazione dell'orrore che è appena agli inizi e continuerò su questa. Sperando che l'orrore venga percepito. Ma forse anche perché questo tipo assurdo di deformazioni esercita un'orribile forza su di me e sul mio lavoro.

Zurigo, settembre 1991

Mon chemin

Cornelia Hesse-Honegger

Dans ma famille, les discussions artistiques étaient à l'ordre du jour. C'est la raison pour laquelle je n'ai pas non plus appris la profession de dessinatrice scientifique par la voie habituelle, mais sur mesure: après un an de cours préparatoire à l'école des arts décoratifs (Kunstgewerbeschule) de Zurich, j'ai suivi une formation à l'Institut de zoologie de l'Université de Zurich, auprès du Prof. Hans Burla. J'ai ensuite pu me perfectionner à la Stazione Zoologica de Naples, auprès de la dessinatrice d'animaux Ilona Richter, et fréquenté pendant une année l'Ecole Supérieure des Beaux-Arts de Paris.
A cette époque, j'étais surtout fascinée par la beauté de la vie sous-marine. J'ai donc travaillé auprès de stations de biologie de la mer en France, à Hawaï et en Nouvelle-Calédonie. Je reproduisais les êtres vivants les plus minuscules, ceux qui sont visibles uniquement au microscope. Ce fut également l'époque de mes premières confrontations avec les dommages causés à l'environnement, la fine poudre de nickel avait détruit la vie de coralligène.
De retour à Zurich, j'ai dessiné les illustrations destinées à des publications sur la systématique et la génétique. En reproduisant la Drosophila subobscura, ou moucheron, particulièrement appropriée pour l'élevage en laboratoire à cause de sa multiplication rapide, je fus de nouveau confrontée avec la destruction. Le poison EMS, mêlé à la nourriture, provoquait des mutations. Les visages défigurés de ces mouches ont exercé sur moi une terrible fascination et je me suis mise à les peindre.
Plus tard, en vivant à la campagne, lorsque j'ai eu à m'occuper d'enfants, j'ai dessiné et peint, durant mes rares pauses, les insectes locaux. C'est alors que j'ai commencé à particulièrement apprécier la punaise (Heteroptera), qui est longue de un à dix millimètres uniquement. Vu au microscope, son bouclier présentait des structures géométriques colorées. Je me suis mise à peindre diverses espèces vivant en Suisse, jusqu'à ce que je ne remarque avec peur qu'une partie en est en cours de disparition.
J'ai réalisé ces transformations et en même temps compris que ces modifications étaient ignorées. Notre époque se plaît dans des images agréables, qui ne correspondent plus à la réalité.
Ce type de destruction m'apparaissait particulièrement évident dans le cas des mouches de laboratoires, qui subissaient des mutations avec des rayonnements radioactifs: les yeux de dimensions différentes, les ailes en forme de cuillère et les jambes poussant hors des antennes, m'ont fait peur.
La catastrophe de Tchernobyl eut lieu pendant que j'exerçais cette activité. En Europe de l'Ouest, les experts ont bâillonné les préoccupations de l'opinion publique et affirmé que les retombées radioactives avaient été tellement minimes qu'elles ne pouvaient causer aucun dommage. Sceptique, je suis partie pour la Suède centrale, la région qui avait été la plus touchée par les déchets radioactifs. Là, j'ai découvert des plantes rouges, des feuilles déformées et des punaises présentant des excroissances sur les yeux ou des jambes, des pattes et des antennes atrophiées. Mes recherches au sud de la Suisse ont donnée des résultats identiques, plutôt préoccupants.
La publication de mes travaux a provoqué des débats et m'ont permis de constater qu'il n'existe pour ainsi dire pas de matériel fondé scientifique portant sur les effets des rayonnements artificiels de faible niveau.
Je me suis mise alors à rechercher des punaises aux alentours des centrales nucléaires suisses, qui émettent des radiations radioactives également lors de l'exploitation normale. Les punaises que j'ai observées chez moi au microscope, présentaient tout simplement des déformations effroyables.
J'ai poursuivi mon travail aux environs de l'usine de retraitement nucléaire de Sellafield, en Grande-Bretagne, où a eu lieu, en 1957 déjà, le premier accident de réacteur. A Sellafield, la centrale avait continué à être exploitée après 1957 et n'avait pas été fermée malgré d'autres incidents, bien qu'il fût démontré que le taux de leucémie parmi les enfants des alentours de l'usine de retraitement était supérieur à la norme. Le bouclier (chitine) des insectes rassemblés à cet endroit présentait des taches brunes, des abcès et des épaississements.
Les punaises provenant des champs situés autour de Tchernobyl, que j'avais ramenés en Suisse, présentaient des boucliers plissés ou mous, des ailes ondulées, des pattes déformées ou bien il manquait un membre à leur antenne. Leurs difformités n'étaient pas très différentes de celles des punaises trouvées aux alentours des centrales atomiques suisses.
En été 1991, j'ai cherché des punaises dans le voisinage des réacteurs de Three Mile Island et de Peach Bottom Plant aux Etats-Unis. Là-aussi, des accidents avaient eu lieu et là-aussi, les insectes étaient atrophiés. – Je cherche à illustrer l'horreur qui vient de commencer et je continuerai à travailler dans ce sens, car j'espère que cette horreur soit perçue. Mais peut-être également, parce que ce type insensé de déformation exerce sur moi et sur mon travail un genre de contrainte terrible.

Zurich, septembre 1991

My path

Cornelia Hesse-Honegger

In my family discussion of art was a matter of every day life. I did not acquire my professional education as a scientific illustrator in a conventional manner, but rather tailor-made. After a preparatory course at the Commercial Art School in Zurich, I completed my training at the Zoological Institute of the University of Zurich with Prof. Hans Burla. Afterwards I studied with the animal illustrator Ilona Richter at the Zoological Station in Naples, and completed a year at the Ecole Supérieure des Beaux Arts in Paris. At that time I was particularly fascinated by the beauty of underwater life. I also worked in marine biology stations in France, Hawaii, and New Caledonia, and captured the smallest organisms in drawings, which could otherwise only be seen under the microscope. At this time I was first confronted with environmental damage – fine nickle dust had destroyed the coral riffs. Back in Zurich I drew for scientific publications on genetic systems. Drawing Drosophila subobscura, which because of their rapid reproduction rate lend themselves to laboratory breeding, I again encountered destruction. The poison EMS, which was mixed in their nourishment, was responsible for the mutations. The misshaped faces of these flies had a strange fascination, and I began to paint them. Later when I lived in the country and had children to care for, I drew and painted in spare moments the insects I found around the house. At that time I developed a preference for leaf bugs (Heteroptera), which are only one to ten millimeters in length. Under the microscope the colorful geometric patterns of their shields are visible. I also began to paint the many kinds of leaf bugs which are found in all of Switzerland until I noticed with alarm that some are dying out. I saw the changes and realized that they were being allowed to occur unnoticed. We cling to images which do not correspond to changing reality. The destruction I saw was particularly manifested by the laboratory flies, which had been mutated by radioactive radiation. Different eyes, spoonshaped wings and legs, which grew out of feelers, stunned me.

During this work the catastrophe of Chernobyl occurred. In Western Europe the experts assured the concerned public that the radioactive fallout was too minimal to cause damage. I was sceptical, and so I travelled to the center of Sweden, where the fallout had been heaviest. I found red plants, deformed leaves, and leaf bugs with growths on their eyes, and crippled legs, feet and feelers. My observations in the south of Switzerland showed similar, even graver, results. The publication of my work initiated discussion and made clear, that there is hardly any substantial scientific material on the effects of artificial radioactive radiation. I also looked for leaf bugs in the area of Swiss atomic energy plants, which emit radioactive radiation during normal operation. The leaf bugs, which I examined microscopically at home, showed alarming damage. In the area of the atomic reprocessing plant in Sellafield, Great Britain, where the first reactor accident occurred in 1957, I proceeded with my work. Sellafield continued to operate after 1957, and was not closed after other incidents, although there was evidence that children in the area of the plant contracted leukemia more often than was normally expected. The chitin of the insects I gathered showed brown spots, growths and thickenings. The bugs from the fields of Chernobyl, which I brought back to Switzerland in 1990, had bent and soft armour, wavy wings, deformed feet, or were missing a section of the feelers. Their deformities were not particularly different from those of the bugs I collected near the Swiss atomic energy plants. In the summer of 1991 I looked for leaf bugs near the reactors of Three Mile Island and Peach Bottom Plant in the USA. Accidents had also occurred there, and there too were crippled insects.

I document the horror which has only just begun, and I continue to because I hope that the horror will be seen by others. Perhaps I also document as I do, because this senseless deformation compells me to.

Zurich, September 1991

Cornelia Hesse-Honegger

Biographie

1944 geboren in Zürich.
Volksschule in Zürich, 6. Klasse bis 2. Sekundarschule am Freien Gymnasium in Zürich.

1958 – 59 High school in New York City .

1959 – 60 Lycée Alsacienne in Paris.

1960 – 61 Vorkurs an der Kunstgewerbeschule Zürich, bei Walter Binder.

1961 – 64 Ausbildung als naturwissenschaftliche Zeichnerin in der wissenschaftlichen Abteilung des Zoologischen Museums der Universität Zürich, bei Prof. Hans Burla. Künstlerische Betreuung durch den Vater Gottfried Honegger. Dazwischen ein halbjähriger Aufenthalt an der Stazione Zoologica in Neapel mit Studien bei der Zeichnerin Ilona Richter.

1964 – 65 Malen von Giftfischen im Zürcher Zoo, in Zusammenarbeit mit Prof. Heini Hediger (Du 1966, Nr. 304).

1965 – 66 Ecole Supérieure des Beaux Arts, Paris, Klasse für Lithographie. Eidgenössisches Kunststipendium für angewandte Kunst.

1966 Arbeiten am Meeresbiologischen Institut in Banyuls-sur-mer, Frankreich (Du 1967, Nr. 319).

1967 – 68 Eidgenössisches Kunststipendium für angewandte Kunst. Arbeiten im Meeresbiologischen Institut des Coney Island Aquarium, New York. Arbeiten an der wissenschaftlichen Abteilung des Zoologischen Museums der Universität Zürich, für Prof. H. Burla, mit mutierten Taufliegen (Du 1968, Nr. 326). Arbeiten für die Dissertation G. Bächli über Leucophenga.

1969 Eidgenössisches Kunststipendium für angewandte Kunst. Publikation von Bildern über einheimische Spinnen (Du 1969, Nr. 344). Internationale Auszeichnung, verbunden mit einer Studienreise in den Südpazifik, Arbeiten in meeresbiologischen Instituten in Hawaii, Neukaledonien, Barrier Riff, Australien.

1970 Ausführung eines Wandbildes in der Kantonsschule Rämibühl, Zürich.

1971 Dritter Preis im Wettbewerb (auf Einladung) für neue schweizerische Banknoten. Erscheinen der Bilder aus dem Korallenmeer, (Du 1971, Nr. 360).

1971 – 85 Zeichnungen und Farbtafeln zu den faunistischen und populationsgenetischen Untersuchungen an Drosophila (Taufliegen)-Arten der Schweiz von Gerhard Bächli und Hans Burla. Schriftenreihe Insecta Helvetica: Fauna Band 7, Entomologisches Institut der ETH 1985.

1972 Ausbildung von zwei Lehrlingen am Zoologischen Museum. Beginn der Lehrtätigkeit an der Volkshochschule Zürich. Selbständige Studien an einheimischen Insekten, vor allem Blattwanzen.

1976 Beginn der Tätigkeit als Mal- und Zeichenlehrerin am Seminar der Academia Gymnastica in Gockhausen.

1978 Ausstellung in der Swiss Center Foundation und im Palais Beaulieu Lausanne, anlässlich des Eidg. Kunststipendiums. Verlust aller Bilder durch Diebstahl. Beginn der Arbeiten auf Millimeterpapier, Verteilung der Insektenteile nach Zufallsprinzip, vermehrte Auseinandersetzung mit ökologischen Fragen. Laienkurse im Malatelier bei der Schwester Bettina Egger.

1985 Arbeiten für das Institut für Polymere ETH Zürich und Referat zum Thema «Kunst und Wissenschaft» in dem von Prof. P. L. Luisi organisierten Cortona I Seminar in Cortona, Italien. Malen von im Labor durch Röntgenstrahlen mutierten Hausfliegen und Drosophila.

1986 Bilder mit normalen und mutierten Fliegenteilen im «Raum» konzipiert.

1987 Eigenständige und selbstfinanzierte Studienreise in das vom Tschernobyl-Fall-out am meisten betroffene Gebiet in Schweden und im Tessin. Collageworkshop im Cortona II Seminar der ETH Zürich. Beginn der Zusammenarbeit mit ‹fabric frontline› Zürich. Dessins für Seidenstoffe (Marienkäfer, Scherenschnitte, Kasuar).

1988 Studien an Insekten, vor allem Blattwanzen aus den Umkreisen der Kernkraftwerke in den Kantonen Aargau und Solothurn. Weiterbildungskurse für Lehrer an der Schule für Gestaltung in Zürich. Einladung für ein Referat an der Jahresversammlung der Lindisfarne-Fellows im Esalen Institut in Big Sur (Kalifornien). Präsentation der Arbeiten und Referat über eine neue Aesthetik der Natur im Atomzeitalter.

1989 Konzentration von Studien mit Blattwanzen im grösseren Umkreis des Kernkraftwerks Leibstadt. Eigenständige und selbstfinanzierte Studienreise nach Sellafield, England. Studien im Umkreis der Atomaufbereitungsanlage British Nuclear Fuels, Sellafield. Arbeiten am Buch «Warum bin ich in Österfärnebo», Edition Heuwinkel 1989, Genf-Carouge.

1990 Beginn einer Serie von Auquarellen im Zusammenhang mit einer ETH-Dissertation über die Gesundheit von Blattwanzen in der Schweiz und im Umkreis von Kernkraftwerken (in eigener Initiative). Weitere Aquarelle aus dem Umkreis von Gösgen. Eingeladene (KSOA) Studienreise in das Katastrophengebiet von Tschernobyl, Sammeln von Wanzen, Herstellung einer Serie von Aquarellen mit geschädigten Wanzen aus der südlichen Zone des 30-km-Kreises, Polesskoje und Slavoutich. Verschiedene Referate über diese Arbeit, zahlreiche Auftritte, Interviews. Diskussionen mit Cornelia Hesse-Honegger und Publikationen über ihre Arbeiten.

1991 Eigenständige, mit Hilfe der Schweisfurth-Stiftung München und eigenen Finazen zustandegekommene Studienreise in die USA. Studien über Blattwanzen im Katastrophengebiet von Three Mile Island und dem Kernkraftwerk Peach Bottom Plant.

Ausstellungen

Einzelausstellungen

1971 Galerie Palette
1978 Swiss Center Foundation, New York City
1989 Galerie Brownstone, Paris
1990 Galerie Brigitte Weiss, Zürich; Graphik-Sammlung der ETH Zürich; Buchhandlung Wendelin Niedlich, Stuttgart, Ökoscience, Zürich

Gruppenausstellungen

1966 Maison Internationale, Cité Universitaire, Paris
1968 Das Tier im Bild, Helmhaus Zürich
1971 Zürcher Zeichner, Städtische Kunstkammer zum Strauhof, Zürich
1972 Zürcher Künstler, Kunsthaus Zürich, Kunstsalon Wolfsberg, Zürich
1973 Zurich Artists in Jerusalem
1983 Blumen und Pflanzenbilder von Zürcher Künstlern, Stadthaus Zürich
1987 Städtische Kunstkammer zum Strauhof
1988 Helvet Art, St. Gallen
1990 Zimmermannshaus, Brugg
1991 Mehrwert, Design der 80er, Museum für Gestaltung, Zürich
Helmhaus, Zürich

Publikationen

Publikationen mit Farbreproduktionen

In der Zeitschrift Du, Nr. 304, Juni 1966, Seiten 426 – 431; Gefährliche Fischschönheiten, Text von Heini Hediger, Zeitschrift Firkrun Wa Fann 1966, Nr. 8. Weiter in der Zeitschrift Du, Zürich: Nr. 319, September 1967, Seiten 691 – 699; Fauna Marina, Text von Pierre Tardent, Nr. 326, April 1968, Seiten 250–257; Plauderei über Genetik, Text von Hans Burla, Nr. 344, Oktober 1969, Seiten 754–759; Spinnen, Text von Hans Jungen, Nr. 360, Februar 1971, Seiten 94–101; Tiere aus dem Korallenmeer, Text von Hans Rudolf Häfelfinger Im Tages-Anzeiger Magazin Zürich Nr. 4, 30. Jannuar 1988, Seiten 20 – 24; Wenn Fliegen und Wanzen anders aussehen, als sie sollten. Text von Cornelia Hesse-Honegger, Nr. 15, 15. April 1989, Seiten 28 – 36; Der Verdacht, Text von Cornelia Hesse Honegger, Zeitschrift Chancen, Frankfurt, Nr. 4, April 1988, Seiten 46 – 53; Unheimliche Phänomene nach dem Gau. Text von Cornelia Hesse-Honegger In Annals of Earth, a Publication of Ocean Arks International and The Lindisfarne Association Volume VI, Number 1; 1988, Text by Cornelia Hesse-Honegger In der Zeitschrift Panda-Journal, WWF Zürich, Nr. 5, September 1990, Seiten 4 – 5; Wenn die Natur verrückt spielt. Text von Cornelia Hesse-Honegger In der Zeitschrift Schweizer Tierschutz, Du + die Natur, Nr 1, März 1991, Seiten 6 – 18; Die Schönheit der Natur – eine Illusion? Text von Cornelia Hesse-Honegger. Katalog Museum für Gestaltung, Zürich; Mehrwert, Schweiz und Design. Die 80er Hoch-Parterre, Februar/April 1991.

Bücher

Warum bin ich in Österfärnebo? Bin auch in Leibstadt, Beznau, Gösgen, Creys-Malville, Sellafield gewesen...
Edition Heuwinkel, Genf-Carouge 1989, Text und Bilder von Cornelia Hesse-Honegger
Ressource Kunst, Du Mont Dokumente 1989, Abb. S. 201
Titelbild für: «Der Petkau-Effekt» von Ralph Graeub, Zytglogge 1990.

Berichte und Interviews

1969 Gebrauchsgraphik, September 9/1969, Text: Remigius Netzer
1971 Werk Nr. 4/1971
1973 Le Arti, März/July 1973 «Arte in Svizzera»
1974 La Dame d'aujourd'hui, janvier 1974, Text: Monique Humbert
1976 Schweizer Fernsehen: «Heiteres Beruferaten mit Robert Lembke»
1988 Norddeutscher Rundfunk, Hamburg: «In Sachen Natur»; Schweizer Fernsehen, Sendung «Max»
1989 Jardin des Modes, Zürich, Nr. 4, April 1989; Stern Hamburg, Text: Nicolaus Neumann
1990 Schweizer Fernsehen, Sendung «Aktuell»; LNN Luzern, 18. Jannuar, Text: Verena Thurner-Mackert; Züri Tip, Tages-Anzeiger, 19. Jannuar, Text: Rosmarie Gerber; Das Magazin Nr. 4/27, Januar 1990, Text: Martin Schaub; Bulletin Nr. 20 Bundesamt für Gesundheit, 28. 5. 1990, Seiten 294 – 97; Energie Express, 10. September 1990, Text: Kaspar Schuler, Foto Manuel Bauer; Annabelle Nr. 18, September 1990, Text A. Allemann; Katapult Nr. 10, Oktober 1990, Text: Ruedi Arnold; Bilanz Nr. 10, Oktober 1990; Züri Tip, Tages-Anzeiger, 2. November 1990, Text: Caroline Kesser,
1991 Schweizer Fernsehen, «Menschen Technik Wissenschaft» 2. 5. 1991, B. Glogger; Hoch Parterre «Schweiz und Design», «Die 80er», Februar 1991; Brigitte, Magazin Schweiz, «Naturwunder», 15. 5.11/91, Suzanne Speich; Kultur-Magazin 87, Juli/August 1991, Text: Regula Stutz; Annals of Earth, A Publication of Ocean Arcs International and the Lindisfarn Association, Volume IX, Number 2, 1991, Text by William Irwin Thompson: «An lintroduction to What Am I Doing in Österfärnebo?»

Cornelia Hesse-Honegger

Biografia

1944 nata a Zurigo.

Volkschule a Zurigo, 6a classe fino alla seconda Sekundarschule presso il Freies Gymnasium di Zurigo.

1958 – 59 High school a New York City.

1959 – 60 Lycée Alsacienne a Parigi.

1960 – 61 Corso introduttivo alla Kunstgewerbeschule di Zurigo presso Walter Binder.

1961 – 64 Formazione di disegnatrice scientifica nel dipartimento scientifico del museo zoologico dell'Università di Zurigo presso il Professore Hans Burla e con insegnamento artistico del padre, Gottfried Honegger. Nel corso della formazione soggiorno di sei mesi nella Stazione Zoologica di Napoli presso la disegnatrice Ilona Richter.

1964 – 65 Dipinti di pesci velenosi allo Zoo di Zurigo in collaborazione con il Professor Heini Hediger (Du 1966, N. 304).

1965 – 66 Ecole Supérieure des Beaux Arts di Parigi, classe di litografia. Borsa di studio federale per arte applicata.

1966 Lavori all'Istituto di biologia marina a Banylus-sur-mer, Francia (Du 1967, N. 319).

1967 – 68 Borsa di studio federale per arte applicata. Lavori all'Istituto di biologia marina del Coney Island Aquarium, New York. Lavori sulle drosofile mutate presso il dipartimento scientifico del museo zoologico dell'Università di Zurigo per il Professore H. Burla (Du 1968, N. 326). Lavori per la dissertazione G. Bächli sulla leucophenga.

1969 Borsa di studio federale per arte applicata. Publicazione di disegni su ragni indigeni (Du 1969, N. 344). Premio internazionale con viaggio di studio nel Pacifico del sud. Lavori presso gli Istituti di biologia marina nelle Hawaii, nella Nuova Caledonia, Barrier Riff in Australia.

1970 Esecuzione di un quadro murale nella Kantonsschule Rämibühl, Zurigo.

1971 Terzo premio del concorso (su invito) per nuove banconote svizzere. Pubblicazione di disegni sul mare corallino, (Du 1971, N. 360).

1971 – 85 Disegni e tavole a colori sulle ricerche di Gerhard Bächli e Hans Burla sulla fauna e la popolazione delle specie di drosofila svizzere. Serie di riviste Insecta Helvetica: Fauna volume 7, Istituto di entomologia del Politecnico federale di Zurigo, 1985.

1972 Formazione di due apprendisti presso il Istituto zoologico. Inizio dell'attività di insegnamento presso la Volkshochschule di Zurigo. Studi indipendenti su insetti indigeni, soprattutto miridi.

1976 Inizio dell'attività di insegnante di disegno e pittura presso il seminario dell'Academia Gymnastica a Gockhausen.

1978 Esposizione presso lo Swiss Center Foundation e il Palais Beaulieu di Losanna, in occasione dell'assegnazione delle borse di studio federali. Perdita, per furto, di tutti i dipinti. Inizio dei lavori su carta millimetrata, distribuzione delle parti d'insetti secondo il principio di casualità. Interesse sempre maggiore per le questioni ecologiche. Corso nell'atelier della sorella Bettina Egger.

1985 Lavori per l'Istitut für Polymere del Politecnico federale di Zurigo. Relazione sul tema «Arte e scienza» nell'ambito del seminario Cortona I organizzato dal Professore P.L. Luisi a Cortona, Italia. Dipinti di mosche domestiche e drosofile mutate con raggi X.

1986 Disegni di parti di mosca normali e mutate concepite nello spazio.

1987 Viaggio di studio indipendente e a proprio carico nelle zone più colpite dalle catastrofe di Cernobil nella Svezia centrale e in Ticino. Workshop di collage nel seminario Cortona II del Politecnico federale di Zurigo. Inizio della cooperazione con «fabric frontline» di Zurigo. Design per tessuti di seta (coccinella, Profilo, casuario).

1988 Studi su insetti, soprattutto di meridi nei dintorni delle centrali nucleari nei Cantoni Argovia e Soletta. Corsi di perfezionamento per maestri alla Schule für Gestaltung di Zurigo. Invito per una relazione in occasione della riunione annuale del Lindisfarne-Fellows presso l'Esalen Institut a Big Sur (California). Presentazione dei lavori e relazione su una nuova estetica della natura nell'epoca atomica.

1989 Concentrazione degli studi su meridi nelle zone circostanti la centrale nucleare di Leibstadt. Viaggio indipendente e a proprio carico a Sellafield, Inghilterra. Studi nelle regioni attorno agli impianti di preparazione di materiale atomico British Nuclear Fuels, Sellafield. Lavoro al libro «Warum bin ich in Österfärnebo», Edition Heuwinkel 1989, Ginevra-Carouge.

1990 Inizio di una serie di acquarelli nell'ambito di una dissertazione del Politecnico di Zurigo sulla salute delle meridi in Svizzera e nelle zone circostanti le centrali nuclerari (su propria iniziativa). Altri acquarelli dalla regione di Gösgen. Viaggio di studio, invitato (KSOA) nella regione di Cernobil, raccolta di cimici e produzione di una serie di acquarelli su cimici danneggiate a sud della zona delimitata dal raggio di 30 chilometri, Polesskoje e Slavoutich. Diverse relazioni sui lavori eseguiti, numerose comparse in pubblico e interviste, discussioni e pubblicazioni.

1991 Viaggio di studio indipendente negli Stati Uniti con l'aiuto della fondazione di Monaco Schweisfurth. Studi sulle miridi nelle zone colpite di Three Mile Island e attorno alla centrale nucleare Peach Bottom Plant.

Mostre

Mostre individuali

1971 Galerie Palette
1978 Swiss Center Foundation, New York City
1989 Galerie Brownstone, Parigi
1990 Galerie Brigitte Weiss, Zurigo
Raccolta grafica del Politecnico di Zurigo
Libreria Wendelin Niedlich, Stoccarda
Oekoscience, Zurigo

Mostre collettive

1966 Maison Internationale, Cité Universitaire, Parigi
1968 Das Tier im Bild, Helmhaus Zurigo
1971 Zürcher Zeichner, Städtische Kunstkammer zum Strauhof, Zurigo
1972 Zürcher Künstler, Kunsthaus Zurigo
Kunstsalon Wolfsberg, Zurigo
1973 Zurich Artists in Jerusalem
1983 Blumen und Pflanzenbilder von Zürcher Künstlern, Stadthaus Zurigo
1987 Städtische Kunstkammer zum Strauhof, Zurigo
1988 Helvet Art, San Gallo
1990 Zimmermannshaus, Brugg
1991 Mehrwert, Design degli anni 80, Museum für Gestaltung, Zurigo
Helmhaus, Zurigo

Pubblicazioni

Pubblicazioni con riproduzioni a colori

Rivista Du, N. 304, giugno 1966, pagine 426 – 431; Gefährliche Fischschönheiten, Testo di Heini Hediger; Rivista Firkrun Wa Fann 1966, N. 8; Altre pubblicazione nella rivista Du, Zurigo: N. 319, settembre 1967, pagine 691-699; Fauna Marina, testo di Pierre Tardent; N. 326, aprile 1968, pagine 250 – 257; Plauderei über Genetik, testo di Hans Burla; N. 344, ottobre 1969, pagine 754 – 759; Spinnen, testo di Hans Jungen; N. 360, febbraio 1971, pagine 94 – 101; Tiere aus dem Korallenmeer, testo di Hans Rudolf Häfelfinger; In Tages-Anzeiger Magazin, Zurigo: N. 4, 30 gennaio 1988, pagine 20 – 24; Wenn Fliegen und Wanzen anders aussehen, als sie sollten, testo di Cornelia Hesse-Honegger; N. 15, 15 aprile 1989, pagine 28 – 36; Der Verdacht, testo di Cornelia Hesse-Honegger; Rivista Chancen, Francoforte, N. 4, aprile 1988, pagine 46 – 53; Unheimliche Phänomene nach dem Gau, testo di Cornelia Hesse-Honegger; In Annals of Earth, a Publication of Ocean Arks International and The Lindisfarne Association, Volume VI, N. 1, 1988, testo di Cornelia Hesse-Honegger; Rivista Panda-Journal, WWF Zurigo, Nr. 5, settembre 1990, pagine 4 – 5; Wenn die Natur verrückt spielt, testo di Cornelia Hesse-Honegger; Rivista Schweizer Tierschutz, Du + die Natur, N. 1, marzo 1991, pagine 6-18; Die Schönheit der Natur – eine Illusion? Testo di Cornelia Hesse-Honegger; Catalogo del Museum für Gestaltung, Zurigo; Mehrwert, Schweiz und Design, Die 80er Hoch-Parterre, febbraio/aprile 1991.

Libri

Warum bin ich in Österfärnebo? Bin auch in Leibstadt, Beznau, Gösgen, Creys-Malville, Sellafield gewesen...
Edition Heuwinkel, Ginevra-Carouge 1989, testo e illustrazioni di Cornelia Hesse-Honegger.
Ressource Kunst, Du Mont Dokumente 1989, Ill. p. 201.
Illustrazione di copertina per: «Der Petkau-Effekt» di Ralph Graeub, Zytglogge 1990.

Rapporti e interviste

1969 Gebrauchsgraphik, settembre 9/1969, testo di Remigius Netzer
1971 Werk N. 4/1971
1973 Le Arti marzo/luglio 1973 «Arte in Svizzera»
1974 La Dame d'aujourd'hui, gennaio 1974, testo di Monique Humbert
1976 Schweizer Fernsehen: «Heiteres Beruferaten» mit Robert Lembke
1988 Norddeutscher Rundfunk, Amburgo: «In Sachen Natur» Schweizer Fernsehen, programma «Max»
1989 Jardin des Modes, Zurigo, N. 4, aprile 1989
Stern Hamburg, testo di Nicolaus Neumann
1990 Schweizer Fernsehen, programma «Aktuell»; LNN Lucerna, 18 gennaio, testo di Verena Thurner-Mackert; Züri Tip, Tages-Anzeiger, 19 gennaio, testo di Rosmarie Gerber; Das Magazin N. 4/27, gennaio 1990, testo di Martin Schaub; Bullettin N. 20, Ufficio federale della Sanità, 28.5.1990, pagine 294 – 297; Energie Express, 10 settembre 1990, testo di Kaspar Schuler, foto di Manuel Bauer; Annabelle N. 18, settembre 1990, testo di A. Allemann; Katapult N. 10, ottobre 1990, testo di Ruedi Arnold; Bilanz N. 10, ottobre 1990; Züri Tip, Tages-Anzeiger, 2 novembre 1990, testo di Caroline Kesser
1991 Schweizer Fernsehen, «Menschen Technik Wissenschaft» 2.5.1991, B. Glogger; Hoch-Parterre, «Schweiz und Design», «Die 80er», febbraio 1991; Brigitte, Magazin Schweiz, «Naturwunder», 15.5.11/91, Suzanne Speich; Kultur-Magazin 87, luglio/agosto 1991, testo di Regula Stutz; Annals of Earth, A Publication of Ocean Arcs International and the Lindisfarne Association, Volume IX, N. 2, 1991, testo di William Irwin Thompson: «An Introduction To What Am I Doing in Österfärnebo?»

Cornelia Hesse-Honegger

Biographie

1944 née à Zurich.

Ecole primaire: Zurich; de la 6ème année à la 2ème secondaire: au Freies Gymnasium de Zurich.

1958 – 59 High School à New York City.

1959 – 60 Lycée Alsacienne à Paris.

1960 – 61 Cours préparatoire à l'école des arts décoratifs (Kunstgewerbeschule) à Zurich, auprès de Walter Binder.

1961 – 64 Formation de dessinatrice en sciences naturelles au département scientifique du musée zoologique de l'Université de Zurich, auprès du Prof. Hans Burla. Encadrement artistique assuré par le père, Gottfried Honegger. Entre-temps, séjour de six mois à la Stazione Zoologica de Naples ainsi qu'études auprès de la dessinatrice Ilona Richter.

1964 – 65 Tableaux de poissons venimeux au Zoo de Zurich, en collaboration avec le Prof. Heini Hediger (Du 1966, Nr. 304).

1965 – 66 Ecole Supérieure des Beaux Arts de Paris, classe de lithographie. Bourse d'études allouée par la Confédération en vue d'études d'arts appliqués.

1966 Travaux à l'Institut de biologie de la mer de Banyuls-sur-mer, France (Du 1967, Nr. 319).

1967 – 68 Bourse d'études allouée par la Confédération en vue d'études d'arts appliqués. Travaux à l'Institut de biologie de la mer, Coney Island Aquarium, New York. Travaux au département scientifique du musée zoologique de l'Université de Zurich, pour le Prof. H. Burla, sur des moucherons ayant subi une mutation (Du 1968, Nr. 326). Travaux pour la dissertation de G. Bächli sur la Leucophenga.

1969 Bourse d'études allouée par la Confédération en vue d'études d'arts appliqués. Publication de représentations d'araignées locales (Du 1969, Nr. 344). Décoration internationale, liée à un voyage d'études dans le Pacifique Sud, travaux à l'Institut de Biologie de la Mer de Hawaï, Nouvelle-Calédonie, Barrier Riff en Australie.

1970 Exécution d'un panneau mural pour l'école cantonale de Rämibühl, Zurich.

1971 3ème prix au Concours (participation sur invitation) d'imagerie pour les nouveaux billets de banque suisses. Publication des représentations portant sur les mers de corail (Du, 1971, Nr. 360).

1971 – 85 Dessins et tableaux en couleur relatifs aux recherches sur la faune et sur la génétique des populations portant sur les types de Drosophila (moucherons) en Suisse effectuées par Gerhard Bächli et par Hans Burla. Collection Insecta Helvetica: Fauna, Volume 7, Institut d'entomologie de l'EPF, 1985.

1972 Formation de deux apprentis au l'Institut zoologique. Début de l'enseignement à l'Université populaire de Zurich. Etudes pour compte propre sur les insectes locaux, notamment les punaises.

1976 Début de l'enseignement de peinture et de dessin dispensé dans le cadre du séminaire de l'Academia Gymnastica de Gockhausen.

1978 Exposition à la Swiss Center Foundation et au Palais de Beaulieu à Lausanne, à l'occasion de la Bourse d'études allouée par la Confédération. Vol et perte de tous les tableaux. Début des travaux sur papier millimétré. Distribution des éléments des insectes selon le principe aléatoire, confrontation plus fréquente avec les questions de l'environnement, cours pour amateurs pris dans l'atelier de peinture de sa sœur Bettina Egger.

1985 Travaux pour l'Institut des polymères de l'EPF de Zurich et conférence sur le thème «Art et Science» dans le cadre du Séminaire Cortona I organisé par le Prof. P. L. Luisi à Cortona, en Italie. Peinture de mouches domestiques et de Drosophila ayant subi des mutations en laboratoire par des rayonnements X.

1986 Tableaux conçus dans l'«espace» représentant des parties de mouches normales et de mouches ayant subi des mutations.

1987 Voyage d'études pour compte propre et autofinancé dans les régions les plus touchées par les déchets de Tchernobyl en Suède et au Tessin. Atelier de collage au Séminaire Cortona II de l'EPF de Zurich. Début de la collaboration avec «fabric frontline» de Zurich. Dessin pour soies (coccinelles, profils, casoar).

1988 Etudes sur les insectes, notamment les punaises, provenant des alentours des centrales nucléaires des cantons d'Argovie et de Soleure.

Cours de perfectionnement destiné à des enseignants à l'école des arts figuratifs (Schule für Gestaltung) de Zurich. Invitation à donner une conférence dans le cadre de l'assemblée annuelle des Lindisfarne-Fellows à l'Institut Esalen de Big Sur (Californie). Présentation des travaux et exposé portant sur une nouvelle esthétique de la nature à l'ère atomique.

1989 Approfondissement des études portant sur les punaises dans un périmètre plus large autour de la centrale nucléaire de Leibstadt. Voyage d'études pour compte propre et autofinancé à Sellafield, Angleterre. Etudes aux environs de l'usine de retraitement atomique British Nuclear Fuels, Sellafield. Travaux pour le livre «Warum bin ich in Österfärnebo?» Editions Heuwinkel 1989, Genève-Carouge.

1990 Début d'une série d'aquarelles dans le cadre d'une dissertation à l'EPF portant sur la santé des punaises en Suisse et aux alentours de centrales nucléaires (initiative propre). Autre aquarelle des environs de Gösgen. Voyage d'études invité (KSOA) dans le territoire frappé par la catastrophe de Tchernobyl, recherche de punaises. Production d'une série d'aquarelles représentant des punaises atrophiées provenant du sud du cercle des 30 km, de Polesskoje et de Slavoutich. Divers exposés sur le travail, différentes interventions, interviews. Discussions avec Cornelia Hesse-Honegger et publications sur ses travaux.

1991 Voyage d'études pour compte propre aux Etats-Unis, partiellement financé grâce à l'aide de la Fondation Schweisfurth de Munich. Etudes sur les punaises dans le territoire touché par la catastrophe de Three Mile Island et celui de la centrale nucléaire de Peach Bottom Plant.

Expositions

Expositions individuelles

1971 Galerie Palette

1978 Swiss Center Foundation, New York City

1989 Galerie Brownstone, Paris

1990 Galerie Brigitte Weiss, Zurich; Graphik-Sammlung de l'EPF de Zurich, Librairie Wendelin Niedlich, Stuttgart Oekoscience, Zurich

Expositions en groupe

1966 Maison internationale, Cité Universitaire, Paris

1968 Das Tier im Bild, Helmhaus, Zurich

1971 Zürcher Zeichner, Städtische Kunstkammer zum Strauhof, Zurich

1972 Zürcher Künstler, Kunsthaus Zurich, Kunstsalon Wolfsberg, Zurich

1973 Zurich Artists, Jérusalem

1983 Tableaux de fleurs et de plantes d'artistes zurichois; Stadthaus Zurich

1987 Städtische Kunstkammer zum Strauhof, Zurich

1988 Helvet Art, St. Gall

1990 Zimmermannshaus, Brugg

1991 Mehrwert, Design der 80er, Museum für Gestaltung, Zurich
Helmhaus, Zurich

Publications

Publications contenant des reproductions en couleur

Périodique Du, Nr. 304, juin 1966, pages 426 – 431; Gefährliche Fischschönheiten, texte de Heini Hediger; Périodique Firkrun Wa Fann 1966, Nr. 8; Par ailleurs, périodique Du, Zurich: Nr. 319, septembre 1967, pages 691 – 699; Fauna Marina, texte de Pierre Tardent; Nr. 326, avril 1968, pages 250 – 257; Plauderei über Genetik, texte de Hans Burla; Nr. 344, octobre 1969, pages 754 – 549; Spinnen, texte de Hans Jungen; Nr. 360, février 1971, pages 94 – 101; Tiere aus dem Korallenmeer, texte de Hans Rudolf Häfelfinger, dans le magazine du «Tages-Anzeiger», Zurich, Nr. 4, 30 janvier 1988, pages 20 – 24; Wenn Fliegen und Wanzen anders aussehen, als sie sollten. Texte de Cornelia Hesse-Honegger; Nr. 15, 15 avril 1989, pages 28 – 36; Der Verdacht, texte de Cornelia Hesse-Honegger; Magazine Chancen, Francfort, Nr. 4, avril 1988, pages 48 – 53; Unheimliche Phänomene nach dem Gau, texte de Cornelia Hesse-Honegger, dans Annals of Earth, une publication de l'«Ocean Arks International» et de la «Lindisfarne Association», volume VI, Numéro 1, 1988, texte de Cornelia Hesse-Honegger, dans le magazine Panda-Journal, WWF Zurich, Nr. 5, septembre 1990, pages 4 – 5; Wenn die Natur verrückt spielt. Texte de Cornelia Hesse-Honegger, dans le magazine Schweizer Tierschutz, Du + die Natur, Nr. 1, mars 1991, pages 6 – 18; Die Schönheit der Natur – eine Illusion? Texte de Cornelia Hesse-Honegger, Catalogue Museum für Gestaltung, Zurich; Mehrwert, Schweiz und Design. Die 80er Hoch-Parterre, février/avril 1991.

Livres

Warum bin ich in Österfärnebo? Bin auch in Leibstadt, Beznau, Gösgen, Creys-Malville, Sellafield gewesen...; Editions Heuwinkel, Genève-Carouge, 1989, texte et images de Cornelia Hesse-Honegger; Ressource Kunst, documents Du Mont 1989, Illustr. page 201; Frontispice pour: «Der Petkau-Effekt» de Ralph Graeub, Zytglogge 1990.

Rapports et interviews

1969 Graphique utilitaire, septembre 9/ 1969, Texte: Remigius Netzer

1971 Werk Nr. 4/1971

1973 Le Arti, mars/juillet 1973 «Arte in Svizzera»

1974 La Dame d'aujourd'hui, janvier 1974, texte: Monique Humbert

1976 Télévision suisse: «Heiteres Beruferaten» avec Robert Lembke

1988 Norddeutscher Rundfunk, Hambourg: «In Sachen Natur», Télévision Suisse, Emission: «Max»

1989 Jardin des Modes, Zurich, Nr. 4, avril 1989, Stern Hambourg, texte: Nicolaus Neumann

1990 Télévision suisse, Emission: «Aktuell»; LNN Lucerne, 18 janvier, texte: Verena Thurner-Mackert; Züri Tip, Tages-Anzeiger, 19 janvier, texte: Rosmarie Gerber; Das Magazin Nr. 4/27, janvier 1990, texte: Martin Schaub; Bulletin Nr. 20, Office fédéral de la santé, 28/05/1990, pages 294 – 97; Energie Express, 10 septembre 1990, texte: Kaspar Schuler, photo: Manuel Bauer; Annabelle, Nr. 18, septembre 1990, texte: A. Allemann; Katapult, Nr. 10, octobre 1990, texte: Ruedi Arnold; Bilanz, Nr. 10, octobre 1990; Züri Tip, Tages-Anzeiger, 2 novembre 1990, texte: Caroline Kesser

1991 Télévision suisse: «Menschen, Technik, Wissenschaft», 2/5/1991, B. Glogger; Hoch-Parterre, «Schweiz und Design», «Die 80er», février 1991; Brigitte, Magazin Suisse «Naturwunder», 15/5/11/91, Suzanne Speich; Kultur-Magazin 87, juillet/août 1991, texte: Regula Stutz; Annals of Earth, une publication de l'«Ocean Arcs International» et de la «Lindisfarn Association», volume IX, numéro 2, 1991; texte de William Irwin Thompson: «An introduction to What Am I Doing in Österfärnebo?»

Cornelia Hesse-Honegger

Biography

1944 born in Zurich.

Public school in Zurich, grade 6 to secondary school 2 at the Freies Gymnasium in Zurich.

1958 – 59 High school in New York City.

1959 – 60 Lycée Alsacienne in Paris.

1960 – 61 Prepatory course at the Commercial Art School Zurich with Walter Binder,

1961 – 64 Training as scientific illustrator in the scientific department of the Zoological Museum of the University of Zurich with Prof. Hans Burla. Artistic supervision with father Gottfried Honegger. Half year stay at the Stazione Zoologica in Naples with Ilona Richter.

1964 – 65 Painting poisonous fish in the Zurich Zoo in collaboration with Prof. Heini Hediger (Du 1966, Nr. 304) .

1965 – 66 Ecole Supérieure des Beaux Arts, Paris, in lithography. Federal Art Scholarship for Applied Art.

1966 Work at the Marine Biological Institute in Banyuls-sur-Mer, France (Du 1967, Nr. 319).

1967 – 68 Federal Art Scholarship for Applied Art. Work at the Marine Biological Institute, Coney Island Aquarium, New York. Work at the scientific department of the Zoological Museum of the University of Zurich for Prof. H. Burla with mutated drosophila (Du 1968, Nr. 326). Work for the dissertation of G. Bächli on leucophenga.

1969 Federal Art Scholarship for Applied Art. Publication of pictures of native spiders (Du 1969, Nr. 344). International Prize connected to a field trip to the South Pacific, work in the Marine Biological Institutes of Hawaii, New Caledonia, Barrier Riff, Australia.

1970 Execution of a mural in the Kantonsschule Rämibühl, Zurich.

1971 Third prize in the competition by invitation for new Swiss paper money. Publication of pictures of the Coral Sea (Du 1971, Nr. 360).

1971 – 85 Drawings and color plates of fauna and population genetic investigations on the drosophila types in Switzerland for Gerhard Bächli and Hans Burla. Journal Insecta Helvetica: Fauna Vol. 7, Entomological Institute of ETH 1985.

1972 Supervision of two apprentices at the Zoological Museum. Beginning of teaching activity at the Volkshochschule Zurich. Independent study of native insects, in particular leaf bugs.

1979 Beginning as a teacher for drawing and painting at the Seminary of the Academia Gymnastica in Gockhausen.

1978 Exhibition at the Swiss Center Foundation, New York, and in the Palais Beaulieu. Lausanne, in connection with competition for federal scholarship. Loss of all pictures due to theft. Beginning of the work on millimeter paper, selection of insects according to chance, increased awareness of environmental questions. Lay course in the studio of sister Bettina Egger.

1985 Work for the Institute for Polymeres ETH Zurich and lecture "Art and Science" in the Cortona I Seminar organized by Prof. P. L. Luisi in Cortona, Italy. Painting of house flies and drosophila mutated in the laboratory by X-rays.

1986 Paintings showing normal and mutated flies. New "space" concept

1987 Independently financed study trip to the area in Sweden and the Tessin most heavily hit by the fallout of Chernobyl. Collage-workshop at Cortona II Seminar ETH Zurich. Beginning of the collaboration with 'fabric frontline' Zurich. Design of silk textiles (Lady Bugs, Paper-cuts, Casuar Bird).

1988 Study of insects, particularly leaf bugs in the areas of the atomic energy plants in cantons Aargau and Solothurn. Education course for teachers of the Design School of Zurich. Invitation for a lecture at the annual meeting of the Lindisfarne-Fellows at Esalen Institute in Big Sur, California. Presentation of work and lecture on a new aesthetic of nature in the atomic age.

1989 Concentration of studies of leaf bugs in the larger area of the atomic energy plant Leibstadt. Independently financed study trip to Sellafield, England. Studies in the area of the Atomic Reprocessing Plant British Nuclear Fuels, Sellafield. Work on book "Why did I go to Österfärnebo?", Edition Heuwinkel 1989, Geneva.

1990 Beginning of a series of water colors in connection with an ETH dissertation on the health of leaf bugs in Switzerland and in the area of atomic energy plants (own initiative). Further water colors from the area of Gösgen. Study trip (invited by KSOA) to the area of the catastrophe of Chernobyl, collecting bugs.

Production of a series of water colors on the damaged bugs from the area south of the 30 kilometer zone Polesskoje and Slavoutic. Various lectures about my work, numerous appearances, interviews.

1991 Independently and with support of the Schweisfurth-Foundation, Munich, a study trip to the USA. Studies of leaf bugs in the catastrophe area of Three Mile Island and Peach Bottom Plant.

Exhibitions

Individual Exhibitions

1971 Galerie Palette, Zurich

1978 Swiss Center Foundation, New York City

1989 Galerie Brownstone, Paris

1990 Galerie Brigitte Weiss, Zurich, Graphic Collection ETH Zurich, Bookstore Wendelin Niedlich, Stuttgart, Oekoscience, Zurich

Group Exhibitions

1966 Maison Internationale, Cité Universitaire, Paris

1968 Das Tier im Bild, Helmhaus Zurich

1971 Zurich Drawers, Städtische Kunstkammer zum Strauhof, Zurich

1972 Zurich Artists, Kunsthaus Zurich, Kunstsalon Wolfsberg, Zurich

1973 Zurich Artists in Jerusalem

1983 Flower and Plant Pictures of Zurich Artists, Zurich City Hall

1987 Städtische Kunstkammer 'zum Strauhof'

1988 Helvet Art, St. Gallen

1990 Zimmermannshaus, Brugg

1991 More Value, Design of the 80's, Museum fur Gestaltung, Zurich
Helmhaus, Zurich

Publications

Publications with Color Reproductions

Periodical Du, Nr. 304 Juni 1966, Seiten 426–431; Gefährliche Fischschönheiten, Text by Heini Hediger, Periodical Firkrun Wa Fann 1966, Nr. 8. Additional Periodicals Du Zurich: Nr. 319, September 1967, Seiten 691–699; Fauna Marina, Text von Pierre Tardent, Nr. 326, April 1968, Seiten 250–257; Plauderei über Genetik, Text von Hans Burla, Nr. 344, Oktober 1969, Seiten 754–759; Spinnen, Text von Hans Jungen, Nr. 360, Februar 1971, Seiten 94–101; Tiere aus dem Korallenmeer, Text von Hans Rudolf Häfelfinger Im Tages-Anzeiger Magazin Zurich Nr. 4, 30. Januar 1988, Seiten 20–24; Wenn Fliegen und Wanzen anders aussehen, als sie sollten. Text von Cornelia Hesse-Honegger, Nr. 15, 15. April 1989, Seiten 28–36; Der Verdacht, Text von Cornelia Hesse-Honegger, Periodical Chancen, Frankfurt, Nr. 4, April 1988, Seiten 46–53; Unheimliche Phänomene nach dem Gau. Text von Cornelia Hesse-Honegger In Annals of Earth, a Publication of Ocean Arks International and The Lindisfarne Association, Volume VI, Number 1, 1988, Text by Cornelia Hesse-Honegger Periodical Panda-Journal, WWF Zurich, Nr. 5, September 1990, Seiten 4–5; Wenn die Natur verrückt spielt. Text von Cornelia Hesse-Honegger Periodical Schweizer Tierschutz, Du + die Natur, Nr. 1, März 1991, Seiten 6–18; Die Schönheit der Natur – eine Illusion? Text von Cornelia Hesse-Honegger, Katalog Museum für Gestaltung Zurich; Mehrwert, Schweiz und Design. Die 80er Hoch-Parterre Februar/April 1991.

Books

Warum bin ich in Österfärnebo? Bin auch in Leibstadt, Beznau, Gosgen, Creys-Malville, Sellafield gewesen... Edition Heuwinkel, Genf-Carouge 1989, Text und Bild von Cornelia Hesse-Honegger, Ressource Kunst, Du Mont Dokumente 1989, Abb. S. 201 Title page for: 'Der Petkau-Effekt' von Ralph Graeub, Zytglogge 1990.

Reports and Interviews

1969 Gebrauchsgraphik, September 9/1969, Text: Remigius Netzer

1971 Werk Nr. 4/1971

1973 Le Arti, März/Juli 1973 'Arte in Svizzera'

1974 La Dame d'aujourd'hui, janvier 1974 Text: Monique Humbert

1976 Swiss Television: 'Heiteres Beruferaten' with Robert Lembke

1988 North German Television Hamburg: In Sachen Natur, Swiss Television: Max

1989 Jardin des Modes, Zurich Nr. 4, April 1989 Stern, Hamburg, Text: Nicolaus Neumann

1990 Swiss Television: Aktuell; LNN Luzern 18. Januar, Text: Verena Thurner-Mackert; Züri Tip, Tages-Anzeiger, 19. Januar, Text: Rosmarie Gerber; Das Magazin Nr. 4/27. Januar 1990, Text: Martin Schaub; Bulletin Nr. 20 Bundesamt für Gesundheit 28.5.1990 Seiten 294–97; Energie Express, 10. September 1990, Text: Kaspar Schuler, Foto Manuel Bauer; Annabelle Nr.18, September 1990: Text A. Allemann; Katapult Nr. 10, Oktober 1990, Text: Ruedi Arnold; Bilanz Nr. 10, Oktober 1990; Züri Tip, Tages-Anzeiger, 2.November 1990, Text: Caroline Kesser,

1991 Swiss Television: 'Menschen Technik Wissenschaft' 2. 5. 1991, B. Glogger; Hoch-Parterre, 'Schweiz und Design', 'Die 80er', Februar 1991; Brigitte, Magazin Schweiz, 'Naturwunder' 15. 5. 1991, Suzanne Speich; Kultur-Magazin 87, July/August 1991, Text: Regula Stutz; Annals of Earth, A Publication of Ocean Arcs International and the Lindisfarne Association, Vol. IX, Number 2, 1991, Text by William Irwin Thompson: An introduction to 'What Am I Doing in Österfärnebo?'

Titelbild:
Rhaphigaster nebulosa, Küssaberg BRD
Leg. Johannes Jenny
Aquarell 1991, 38 × 57 cm
Die Blase mit einem schwarzen Auswuchs verändert die gesamte Form des Halsschilds.

Illustrazione di copertina, frontale:
Rhaphigaster nebulosa, Küssaberg BRD
Leg. Johannes Jenny
Acquarello 1991, 38 × 57 cm
La bolla con un'escrescenza nera modifica tutta la forma del protorace.

Page de garde:
Rhaphigaster nebulosa, Küssaberg RFA
Leg. Johannes Jenny
Aquarelle 1991, 38 × 57 cm
La cloque présentant l'excroissance noire modifie l'ensemble de la forme du bouclier cervical.

Front side:
Rhaphigaster nebulosa, Küssaberg, Germany
Leg. Johannes Jenny
Water color 1991, 38 × 57 cm
The blister with a black growth changes the whole shape of the neck plate.

Herausgegeben vom Bundesamt für Kultur
anlässlich der XVIII Triennale di Milano 1992
Kommissäre der Ausstellung: Andreas Christen, Zürich
Urs Staub, Bern

Übersetzungen:
Deutsch: Robert Schneebeli
Italienisch: Cristina Thiede / Andrea Ermano
Französisch: Andrei N. Marling / Colette Bodmer-Cachard
Englisch: Christine Luisi
Reproduktionsfotografie:
Walter Dräyer, Zürich / Peter Schälchli, Zürich
Design: Lars Müller
Satz / DTP: Atelier Lars Müller, Baden
Lithos: Reprotechnik Kloten AG
Druck: Waser Druck AG, Buchs/Zürich
Papier: Hanno Art, 170g/m², chlorfrei gebleicht
Einband: Buchbinderei Burkhardt AG, Mönchaltorf

ISBN 3-906700-46-1
Verlag Lars Müller, CH-5401 Baden, Schweiz